中国景观规划设计系列丛书

LANDSCAPE PLAN
景观规划牛皮书

樊思亮 主编

住宅篇 下册

中国林业出版社

图书在版编目（CIP）数据

景观规划牛皮书——住宅篇（下）/ 樊思亮 主编. -- 北京：中国林业出版社，2011.8
ISBN 978-7-5038-6280-9
Ⅰ. ①景… Ⅱ. ①樊… Ⅲ. ①居住区 – 景观 – 环境设计 Ⅳ. ①TU-856
中国版本图书馆 CIP 数据核字 (2011) 第 151146 号

本书编委会

主　编：樊思亮

副主编：孔　强　郭　超　杨仁钰　廖　炜　郭　金

编　委（排名不分先后）：

王　亮	文　侠	王秋红	苏秋艳	孙小勇	王月中	刘吴刚	吴云刚	周艳晶	黄　希
朱想玲	谢自新	谭冬容	邱　婷	欧纯云	郑兰萍	林仪平	杜明珠	陈美金	韩　君
李伟华	欧建国	潘　毅	黄柳艳	张雪华	杨　梅	吴慧婷	张　钢	许福生	张　阳
溫郎春	杨秋芳	陈浩兴	刘　根	朱　强	夏敏昭	刘嘉东	李鹏鹏	陆卫婵	钟玉凤
高　雪	李相进	韩学文	王　煜	吴爱芳	周景时	潘敏峰	丁　佳	孙思晴	邝丹怡
秦　敏	黄大周	刘　洁	何　奎	徐　云	陈晓翠	陈湘建			

中国林业出版社·建筑与家居图书出版中心
责任编辑：李　顺　唐　杨
出版咨询：（010）83223051

出　版：中国林业出版社（100009 北京西城区德内大街刘海胡同7号）
网　站：http://lycb.forestry.gov.cn/
印　刷：恒美印务（广州）有限公司
发　行：新华书店北京发行所
电　话：（010）83224477
版　次：2011年8月第1版
印　次：2011年8月第1次
开　本：889mm×1194mm　1/12
印　张：21.5
字　数：250千字
定　价：RMB 248.00元
　　　　USD 40.00

目录 Contents

上海市大华阳城花园	008-015
上海市万源居住小区·B街坊	016-025
上海市金山新城区山阳馨园	026-035
上海市锦秋花园	036-041
深圳市观兰绿苑	042-045
深圳市万科坂雪岗小区	046-053
深圳市宝安幸福海岸	054-057
深圳市振业翠地星城	058-063
什邡市竹溪湾小区	064-069
苏州市石湖华城	070-081
苏州市中海半岛华府北区	082-087
宿州市某小区	088-091
桐城市新东方·世纪城	092-103
通辽市枫丹丽舍花园	104-111
无锡市新世纪花园三期	112-117
无锡市香梅假日花园环境二期	118-125
无锡市西河花园	126-129
无为县秀水世纪花园	130-131

武汉市常青花园第十一区	132-135
武汉市翠微新城	136-141
西安市灞业大境	142-153
西安市紫郡长安	154-161
新郑市丽水华庭	162-167
扬州市阳光美第	168-173
郑州市鑫苑·逸品香山	174-185
郑州市康桥国际	186-191
中山市南江路小区	192-195
中山市神州湾畔	196-201

别墅

大连市南山1910别墅	204-211
丹东市金都·富春山居	212-215
银川市天源别墅——维多利亚庄园	216-219
上海市汤臣三八河别墅区	220-231
深圳市林间水语别墅度假区	232-237
某山庄别墅	238-243
神秘花园别墅	244-247
一九一二别墅区	248-255

编者的话

奥姆斯特德提出的"Landscape"一词，现在有了多种翻译，如：景观、风景园林、景观设计、造园、景园，至今，这一词都没有非常合适的翻译，笔者认为，从专业发展的角度来看，其内容并不仅仅只是《建筑十书》中所提出的包涵建筑及相关环境等内容，还应该包含传统的园林艺术和技术，甚至包含更广泛的自然科学和地理相关学科的内容。

现代景观规划设计涵盖的内容更加广泛，尺度更大，知识面也更广，涉及因素更多，是面向大众群体，强调精神文化的综合学科，对专业人员的综合素质有更高要求。

笔者认为，现代景观规划设计的专业基础是：场地规划设计；核心课程是：场地规划与可持续景观；终极目标是：寻求创造人类需求和户外环境的协调。

该学科的专业特征有：生命性、时间性、地方性、边缘性。

该学科也与其他学科一样具有：系统性、完整性、开放性、综合性。

根据美国建筑师注册委员会的定义，现代景观设计的实践包含4个方面的内容：
1. 宏观环境规划；
2. 场地规划、各类环境详细规划；
3. 施工图及文本制作；
4. 施工协调及运营管理；

其又蕴涵3个层次的追求和理论研究：景观感受层面、环境生态层面、人类行为及相关历史文化层面。

现代景观规划设计与传统园林设计的区别

现代景观规划设计涵盖面更为广泛，更强调精神层面的内容，其主要服务群体也是大众，而且更强调生态、风景、旅游的三位一体，讲求经济性和实用性，其不像传统园林只面向少数皇室贵族。随着现代生活的发展，景观规划行业也受到城市规划和建筑学材料运用的影响，所以在感官、感受，以及景观艺术性方面，现代景观规划设计和传统风景园林设计的制约因素也有所变化，包括现代城市密度比较高，人多地少。所以在现代景观规划设计中更要善于利用有限的土地，见缝插绿，利用好城市规划中的每一寸土地，来创造优质的环境景观。

正是基于以上的思考与出发点，我们联系各设计公司及单位组织编写了这套景观规划类案例图册，其中有许多值得我们现代景观设计人员学习和借鉴。在编写过程中，我们也得到了国内许多景观公司的供稿和大力支持，在此表示诚挚的感谢，我们只希望其能起到抛砖引玉的效果，如果能得到行业人员的一点点认同，那将是我们最大的欣慰。

编 者
2011年6月

上海市大华阳城花园

　　大华阳城位于大宁板块最北面，是由大华集团与永和集团联袂打造的闸北区第一大盘，总规划面积60万㎡，分七期开发。阳城花园是最早建成的小区，包括一期和二期，分别于2001、2002年峻工，目前新房在售的阳城贵都已经是该系列最后一期。经过近8年的发展，小区周边生活配套和交通已十分成熟。

　　与其他几期相比，阳城花园无论是规模还是地理位置都占有优势，作为整个系列中规模最大的小区，该案由20幢多层和6幢小高层组成，中间有景观河流过，内部环境相当不错。由于几乎不受周边汶水路高架和沪太路主干道的影响，小区显得安静、绿意盎然，很适合自住。

注释
1. 主入口
2. 商业街
3. 入口特色铺装
4. 特色树阵
5. 木栈道
6. 特色铺地
7. 特色地下车库入口
8. 特色活动场
9. 钢木花架
10. 亲水平台
11. 木平桥
12. 白水喷泉
13. 特色花架
14. 特色水系
15. 凉亭
16. 架空层景观区
17. 儿童活动区
18. 特色景墙
19. 特色水景
20. 特色木板路
21. 沙坑
22. 特色亭
23. 木板活动场
24. 生态泊车场
25. 垃圾出口
26. 次入口

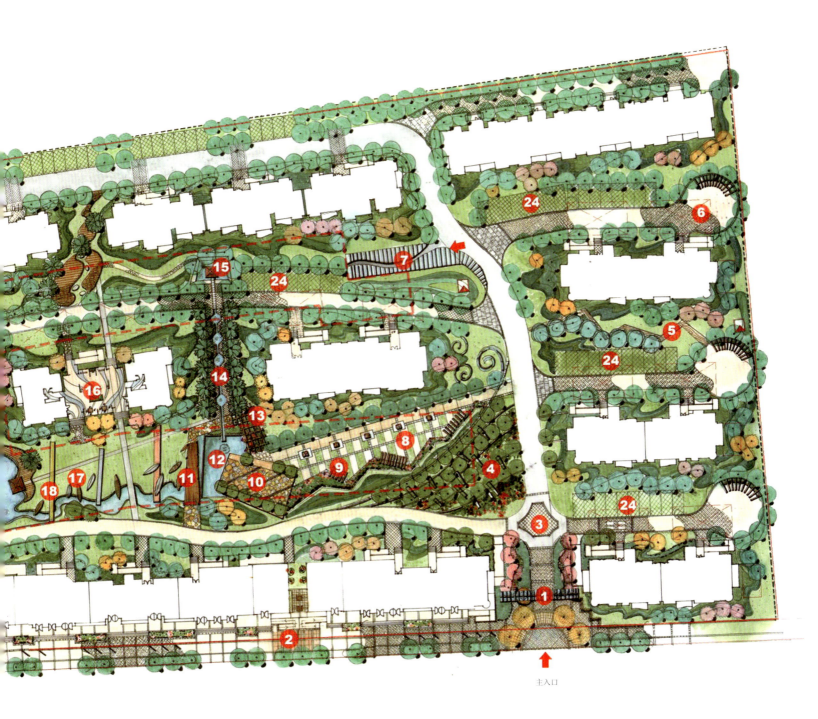

主入口

城　　　　　　　路　　　　总平面图

中国景观规划设计系列丛书 住宅

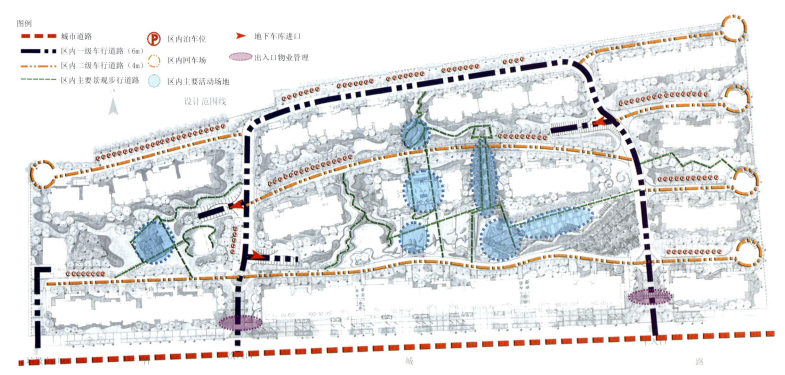

交通流线组织及物管方式深化分析图

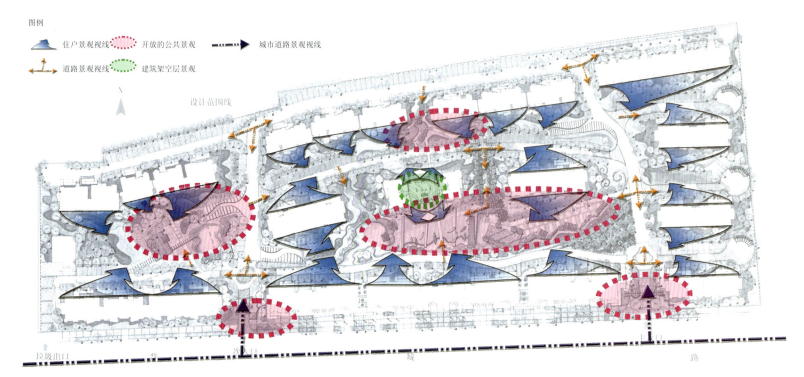

景观空间类型及结构深化分析图

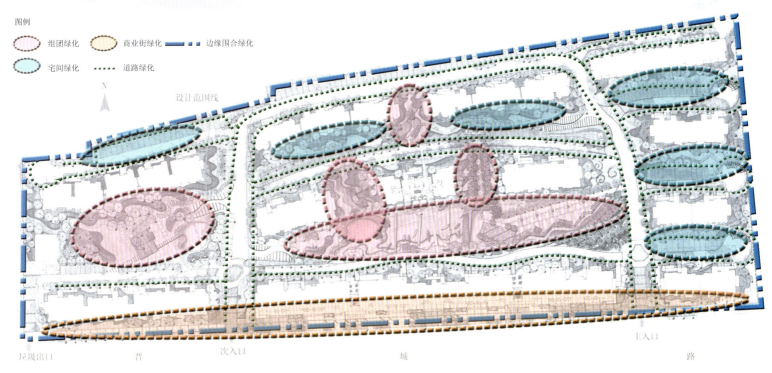

景观绿化系统结构深化分析图

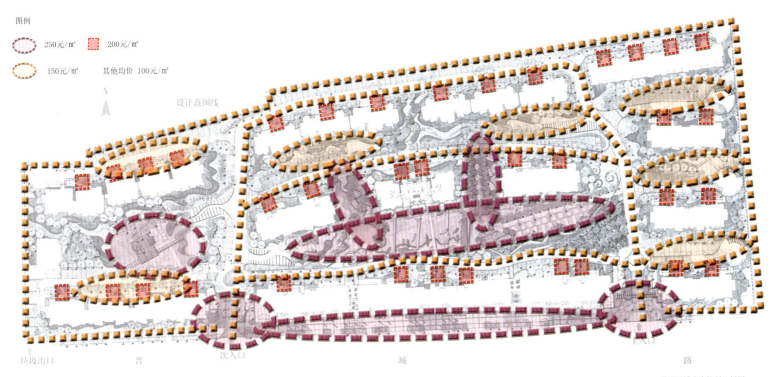

景观区域成本控制分析图

中国景观规划设计系列丛书 住宅
ZhongGuoJingGuanGuiHuaSheJiXiLieCongShu ZhuZhai

小区主要对外出入口景观放大平立面图

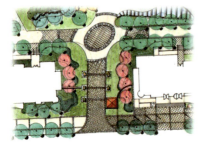
小区次要对外出入口景观放大平立面图

典型单元入口大样图

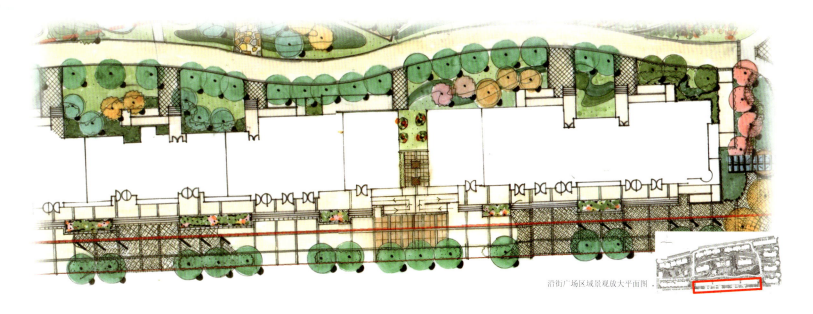

沿街广场区域景观放大平面图

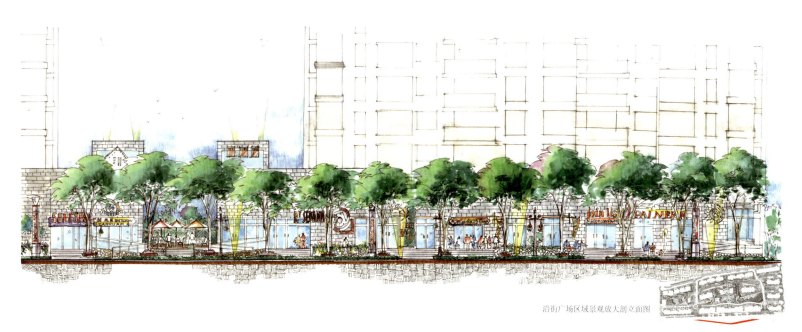

沿街广场区域景观放大剖立面图

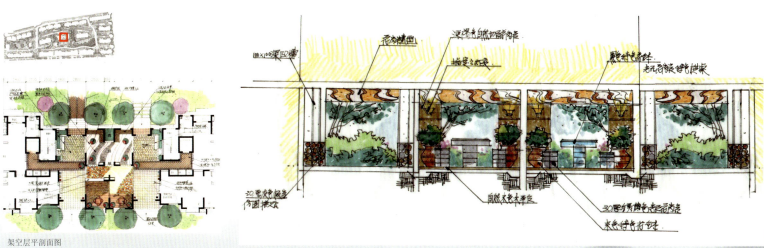

架空层平剖面图

中国景观规划设计系列丛书 住宅
ZhongGuoJingGuanGuiHuaSheJiXiLieCongShu ZhuZhai

中心绿地A区域景观放大平立面图

中心绿地B区域景观放大平立面图

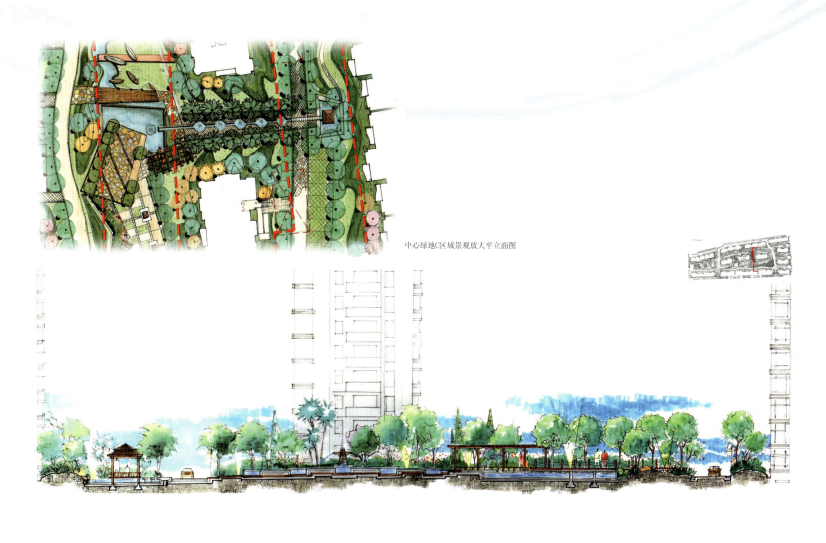

中心绿地C区域景观放大平立面图

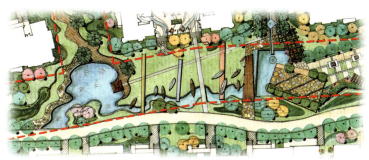

中心绿地D区域景观放大平立面图

上海市万源居住小区·B街坊

万源城居住小区地处古美地区的中部，东临莲花路，西至合川路，南抵顾戴路，北达平南路，总用地94.31万㎡。

万源城B区位于万源城中西部地块，为低密度住宅用地，地块东北角设置小区会所，其余为独立别墅和多层花园洋房。B区用地为13.22万㎡，南临居住区公园，西至合川路，与新泾港32m宽的河滨绿化带隔路相望。地块内自然地形为西高东低，建筑规划中有意识地强化自然地形走势，将小区内的多层花园洋房放置在地块西北侧，在冬季有力地阻挡了西北风，夏季使温暖潮湿的东南季风渗透整个小区，为小区提供了良好的地块内自然气候。

整个小区的建筑形式采用舒缓的坡屋顶，错落有致的体量搭配，丰富的室内外的空间关系，红瓦白墙的色彩组合，是具有强烈的地中海风格的西班牙建筑的群体。

依托规划上的地形起伏，高低错落的建筑，景观设计运用"造势，理水"的手法，在土方平衡的条件下，对规划中的地形进行微处理。力图再造具有地中海风情的西班牙式的山地景观，使住户虽居于闹市，又宛若身处山林之中。

局部调整建筑正负零标高及建筑外场地标高，全局考虑小区地形走势，强化局部地区的地形和建筑的高低错落变化，并考虑居家内视觉效果。同时，调整湖面、水面的高差变化，处理好建筑室内、内庭院及水面的关系。

01. 车行主入口
02. 绿岛
03. 棕榈桥
04. 棕榈泉
05. 绿荫听水
06. 柔水流意
07. 步行入口
08. 小水景
09. 白扉透绿
10. 凉亭
11. 私家泳池
12. 精致庭院
13. 潋滟亭
14. 映日流辉
15. 会所休憩庭院
16. 停车场
17. 飞流落玉
18. 缤纷台地
19. 滨水景观亭
20. 花间地
21. 车行次入口
22. 戏水平台
23. 波光潋滟
24. 圆亭
25. 扶疏
26. 山泉飞溅
27. 柳暗花明
28. 撷秀坞
29. 紧急出入口
30. 阳光草坪
31. 亲水木平台
32. 郁影飘香
33. 枫香涧
34. 环壁溪
35. 柳荫岛

总平面图

景观绿轴分析图

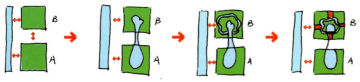

景观概念生成分析图

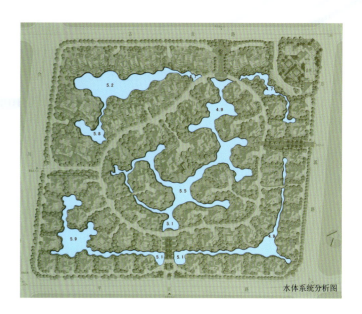

水体系统分析图

交通系统分析图

主环道　次环道　人行通道　会所专用车道　入户及停车场通道　外围干道　车行出入口　人行出入口　紧急出入口

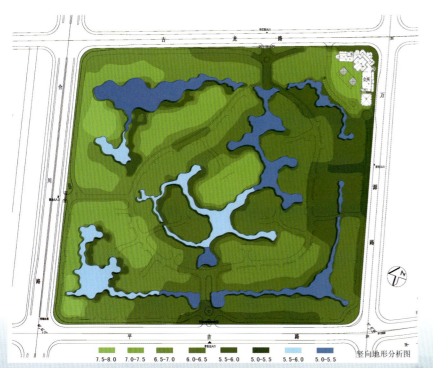

竖向地形分析图

7.5-8.0　7.0-7.5　6.5-7.0　6.0-6.5　5.5-6.0　5.0-5.5　5.5-6.0　5.0-5.5

主景照明灯具　庭院灯　水景照明灯具

照明系统分析图

中国景观规划设计系列丛书 住宅
ZhongGuoJingGuanGuiHuaSheJiXiLieCongShu ZhuZhai

经济技术指标分析图

项　　目	数值
总用地面积	132172 m²
集中绿地面积	26218.14 m²
其中　绿地面积	13440.14
水体面积	12777.98
计入集中绿地率统计的集中绿地面积	19829.14
总体容积率	0.40
总建筑密度	18.4%
绿地率	46.90%
集中绿地率	15.00%
总建筑面积（已包含外墙保温层和坡屋面面积，不包含地下室面积）	52584.09 m²

景观分区分析图

主入口平面图

主入口（标志性和引导性兼备的入口景观）：主入口同时是公园景观向小区延续的走廊，西班牙风格的门卫建筑强烈地标识了别墅区的主入口，也鲜明地体现了别墅区的建筑和景观风格。环形绿岛前精心打造浓郁西班牙风格的小品，后部配植高杆植物，成为入口前景，迎接住户的回归。经过环岛在道路两侧扩大水面，使公园的水体在形态上得到延续，也体现了别墅户外软质景观、阳光、水、绿意、鸟鸣、花香整体的"气"的贯通。跨水处道路抬高造成桥的意向，西班牙风格的桥墩和栏杆强化了区域特征和领地感，道路两侧抬高地势形成饱满的地形，种植棕榈科高干植物，形成引导性景观。

主入口效果图

中国景观规划设计系列丛书 住宅

会所景观平面图

会所后庭（典型的西班牙庭院）
西班牙庭院的特色：建筑的圆角、木质廊架、精致优雅的铁艺、跳跃的水景、暖色的地砖点缀蓝色马赛克或花砖、棕榈科高干植物、龙柏、铺地柏、丝兰和色彩绚丽的草花构成了典型的西班牙庭院，热烈、宜人，富有情趣。带有强烈地域特色的室外家具、暖黄色的遮阳伞、特色的种植箱、艺术处理的灯具则是西班牙庭院的完美注解。

会所后庭效果图

台地花园平面图

公共集中绿地（台地景观）

通过强化地形的手法塑造了会所和集中绿地之间两米多的高差，抹了圆角的白色墙体以自然曲线起伏穿插，墙体间种植鲜花灿烂的灌木和下垂的藤蔓，极大地丰富了墙体立面。高差形成的瀑布景观与泳池景观、自然水景结合在一起，形成多样的景致，造成步移景异的效果。西班牙凉亭、特色廊架、木拱桥风情流溢，铺装以暖红色地砖、花岗岩、砂岩为主，突出西班牙特色。瀑布上方茂密的高干植物群落为凉亭的观赏提供了背景，也在会所间形成过渡景观带。下部种植以本土优良树种为主，局部点缀棕榈科植物，大量使用色彩绚丽的花卉。无论俯瞰还是仰视都是优美的画卷。

台地花园剖面图

台地花园效果图

中国景观规划设计系列丛书 住宅
ZhongGuoJingGuanGuiHuaSheJiXiLieCongShu ZhuZhai

休闲溪谷景观平面图

休闲溪谷景观透视图

休闲溪谷景观剖面图

绿韵清风平面图

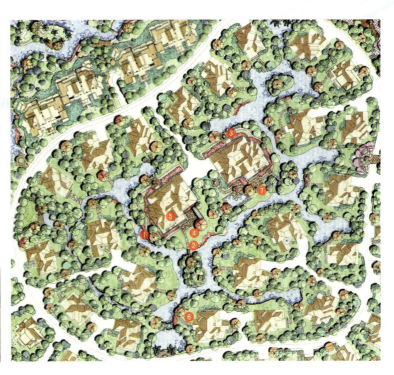

山林溪涧平面图

中国景观规划设计系列丛书 住宅
ZhongGuoJingGuanGuiHuaSheJiXiLieCongShu ZhuZhai

人行入口平面图

庭院竖向分析图

围墙意向图

水体意向分析图

道路边界处理分析图

断面A

断面B

断面C

上海市金山新城区山阳馨园

该小区位于金山新城区，占地面积162,838㎡，总建筑面积204,121㎡，建筑占地面积29,739㎡，容积率1.131，建筑密度0.183，绿地率36.6%；东面为海丰路，南面为金康西路，西面为海川路，北面为红旗西路；区外有一条自然河道，可引入小区。

设计理念
1. 紧紧围绕"以人为本、天人合一"这一宗旨，体现注重生态效应和人文关怀的基本思路，力求全方位营造具有浓郁现代气息和传统文化的绿色休闲居住环境。
2. 高起点、高水准、高质量设计定位，体现生态文明和环境文化的居住环境。
3. 通过精巧构思，将人文景观融入环境中，让环保走进生活，营造"楼在林中立，人在景中游"的居住环境。

设计原则
1. 生态原则：利用室外环境元素营造出高品质的生态环境，为居民创造一个健康、向上、耳目一新的居住环境。
2. 美学原则：社区环境设计多种手法并用，硬景和软景相互交融层次分明，富有季相变化。以独特的美学视角，创造优美的景观环境。
3. 功能原则：每一景点的设计都极大地考虑了人的适用性，做到适用性与美感性相结合。

1. 闲庭信步
2. 光影洗漓
3. 竹影婆娑
4. 树影花香
5. 曲径幽香
6. 逸兴揽月
7. 落日晚烟
8. 梧叶月影

总平面图

功能分区分析图

河流水系
公共空间
绿化隔离
特色组团

景观轴线
景观核心
景观组团

景观节点分析图

车行路线
人行路线
地下车库入口
主入口
人行入口
次入口

交通分析图

中国景观规划设计系列丛书 住宅

中心景区放大图

1. 阳光草地
2. 林荫步道
3. 入口小广场
4. 休憩平台
5. 亲水木栈桥
6. 亲水休闲广场
7. 疏林草地
8. 景观廊架
9. 景观木凉亭
10. 篮球场
11. 体育活动场

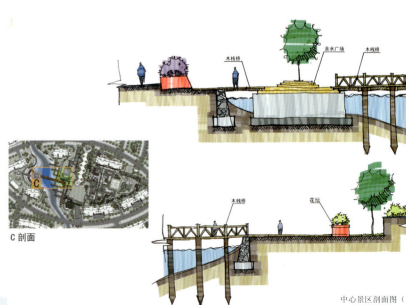

中心景区剖面图（一）

滨水景观区效果图

主景观区效果图

中国景观规划设计系列丛书 住宅

人行入口景区放大图

1. 林荫广场　　4. 景观走廊
2. 花台　　　　5. 宅间绿地
3. 廊架

人行步道景观效果图

主入口景观放大图

1. 灌木组合
2. 景墙
3. 花坛
4. 桂花树阵
5. 雕塑小广场

D 剖面
主入口景观剖面图

小区主入口景观效果图

中国景观规划设计系列丛书 住宅
ZhongGuoJingGuanGuiHuaSheJiXiLieCongShu ZhuZhai

1. 景观步道
2. 休闲广场
3. 踏步
4. 疏林草地
5. 活动广场
6. 木栈桥
7. 景观沙滩

组团景区放大图（一）

滨水景观区二效果图

组团景区放大图（二）
1、木栈桥　　4、林间踏步
2、休闲小广场　5、植栽组团
3、弧形景墙

组团一景观效果图

组团二景观效果图

中国景观规划设计系列丛书 住宅
ZhongGuoJingGuanGuiHuaSheJiXiLieCongShu ZhuZhai

次入口区：
以树阵、列植的种植形式，创造简大气的空间氛围。

景观轴线区：
常绿、落叶乔木交替出现，并采用不同色彩的灌木有规则的交替变化，与硬体景观相互交融，营造动感的色彩空间。

核心景观区：
以桂花为主题树，结合现场场地条配以各种开花小乔木及灌木，营造热闹活泼、充满朝气的活动休闲空间。

河道水景区：
以垂柳为主要树种，点缀部分小乔木及灌木，形成疏林草地的景观效果，开于河道的景观节点配置丰富的水生及湿生植物，丰富景观层；营造柔美、清新怡人的临水休闲空间。

主入口区：
列植优型乔木，并结合入口硬体景配以造型树及各种灌木、地被及草花，造一种大气又不失细节的入口景观。

宅间绿地：
以常绿树为主，适当点缀一些有明显季节特性的落叶树，展现大自然的四季交替，增强人对自然规律的感知。

小区周边：
以常绿乔灌木为主，尽量降低小区各种因素对小区住户的干扰，为住户营一个相对安静、私密的空间。

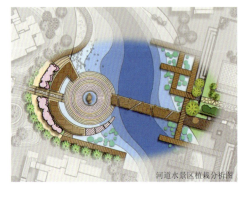
河道水景区植栽分析图

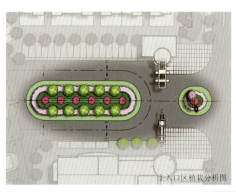
主入口区植栽分析图

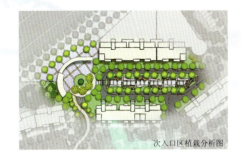
次入口区植栽分析图

核心景观区植栽分析图

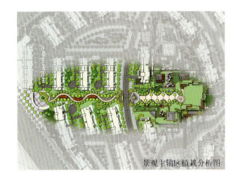
景观主轴区植栽分析图

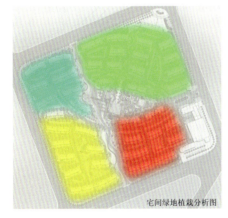
宅间绿地植栽分析图

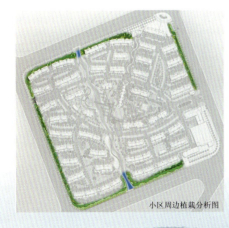
小区周边植栽分析图

上海市锦秋花园

景观设计的理念——形无定形、意无界限、形中走意、形静意动

我们正是要把握景观思维中的自然美学，将本次设计的主题定义为：行与意的合韵。园区内并无耸立的山峰，可山川的意韵时时充溢着你的眼睛；园区内并无千倾荡漾的碧波，可景观塑形的灵动性却是取水之灵动的特性，它总在你的心底撩动着那挥之不去的柔情。因为景观的柔线，已经把建筑当作山，把自身化成水，徜徉其中。

形意：行人穿行在景中是意随形走，设计师的创作是形随意走。所随之意是行人穿行顾盼之意。

景观秘笈：虚、实、围、畅、隔、转、折、绕、静、动、透、疏、密。

诸多美学手法皆是整体的需要，互相牵丝印带，起乘转合，既融合又能辨得其意。

景观设计总平面图

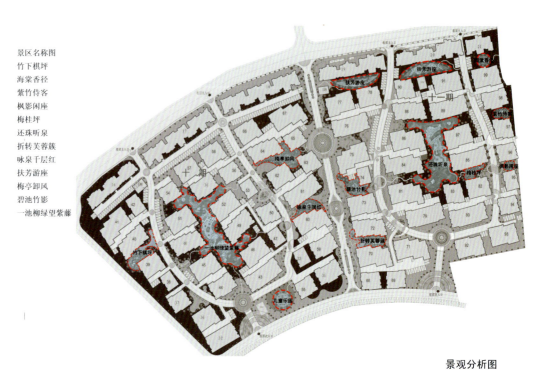

景观分析图

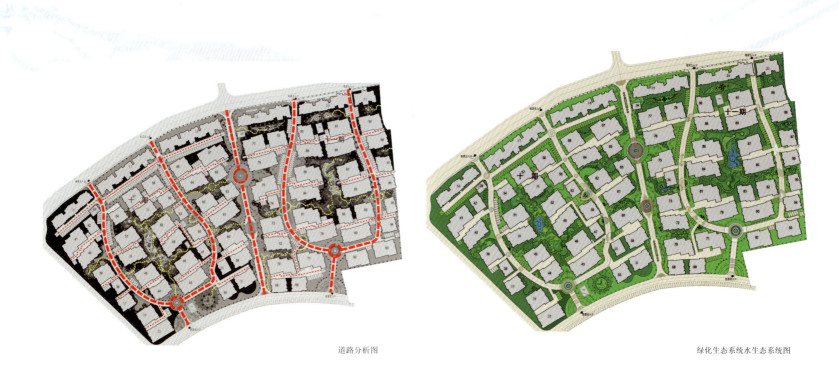

道路分析图　　　　　　　　　　　　　　绿化生态系统水生态系统图

绿化分类

- A ■ 建筑间围合式园林　A：利用各建筑间相对宽敞的范围，设计较为写意的内园林，是可供休息活动的场地。
- B ■ 路中间绿化　　　　B：丰富交通线路的视角，用于交通隔离与减速。
- C ■ 路边造型绿化　　　C：使道路边绿灵活。
- D ■ 向路边开放性绿化　D：展开扩张的造型，强制性的视觉接受，拉宽道路、路边绿化与路边建筑的视线，使建筑产生组团感。
- E ■ 宅间绿化　　　　　E：是A与D的边绿绿化，有造型、阻挡和敞开的功能。
- F ■ 入口绿化　　　　　F：增加辐射性暗示，大气为主。

10、11期景观规划图

中国景观规划设计系列丛书 住宅
ZhongGuoJingGuanGuiHuaSheJiXiLieCongShu ZhuZhai

延伸——能暗示开朗,只要视觉无阻,则心绪舒宁。
道路铺地是不能孤立存在的,它是道路景观造型的延伸、变化与美化。它的整体性能产生既突出又协调的效果。

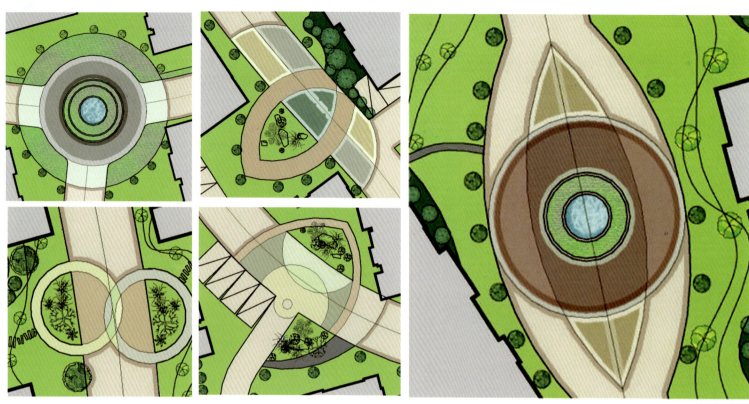

铺地设计平面图

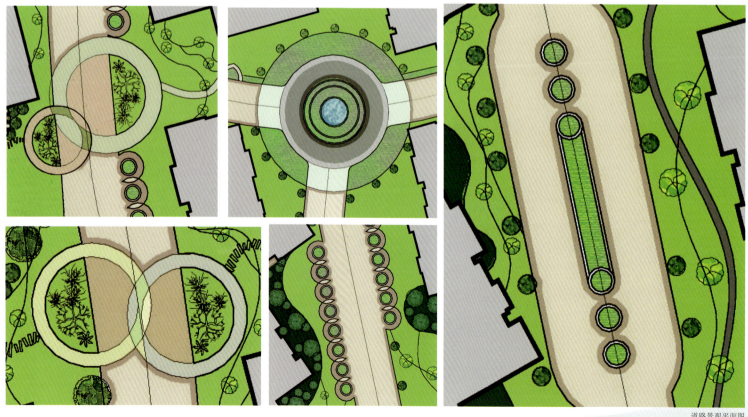

道路景观平面图

枫影闲座平面图

海棠香径平面图

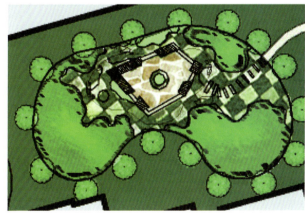

紫竹侍客平面图

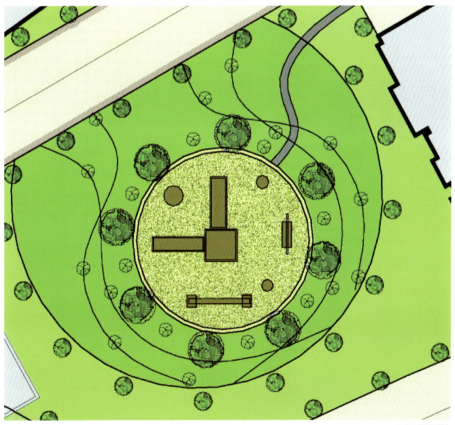

儿童乐园平面图

休闲椅

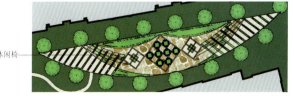

休闲椅

扶芳游座平面图

还珠听泉景观效果图

梅亭卸风景观效果图

一池柳绿望紫藤景观效果图

咏泉千层红景观效果图

梅柱坪景观效果图

景观效果图

深圳市观兰绿苑

项目基地共占地18万㎡，东临大和路，南部临区域性快速干道，北靠市民公园（世纪广场），西面相望观兰滨河公园。

设计的总体目标，是创造一个独具特色，且具有高度市场可行性的新社区，同时融入观兰当地的高尔夫精神。苏格兰本身即是高尔夫的故乡，在本案的建筑设计与景观设计中，都将着重体现苏格兰的建筑与景观风格，来创造一个富有浓郁苏格兰风情与气息的商业、居住相结合的新社区。

项目的总体规划平面旨在建立一个以苏格兰著名市镇城市空间为参考的基本框架结构。在这里，建筑与开放空间的布局是非规整，而且富于变化的，创造一个富有趣味而充满惊喜的空间体验，为来访者与社区居住带来不可预知的独特空间感受。其中，每一个空间都具备各自鲜明的个性特征，从而构成了居住、商业以及开放空间混合搭配的丰富体验。

基地的北部地块，邻近世纪广场与中央商业文化中心，是项目基地中的商业与公共活动区域。置身于这个富有戏剧效果的商业空间中心，便如同来到了苏格兰高地的某一个热闹的市镇商业中心，意外而充满惊喜。建筑与景观营造了完全不同于外部的空间氛围，时空仿佛在一瞬间完成了转换，空气中荡漾着浓厚的异域气息。这里将成为社区的地标式空间，为居民以及购物人群提供各类设施与服务，同时与其他的中央商业文化中心地块形成互补，并建立了一个进入南部居住区的具有视觉吸引力的入口空间。该区域的建筑风格应该鲜明而主导着整个空间的个性，与景观空间共同创造传统的苏格兰市镇的氛围与感觉。

商业与居住之间是作为空间缓冲带以及休闲活动区的公共空间，带有较大面积的水景，也是景观设计的重点空间。它充分保证了居住区的私密性，并缓冲了商业活动对居民生活的影响。公共空间的中心位置，坐落着整个项目基地的地标式建筑，代表整个社区个性与风格的苏格兰式俱乐部会所。会所的设计以一个著名的苏格兰高尔夫俱乐部会所为参考。从周边所有的主要空间以及更远的基地外的范围都视线走廊汇集到此，使其成为整个项目基地乃至周边区域范围内的视线焦点。

1. 棕榈阁
2. 建筑标志
3. 清池
4. 商业购物街
5. 巨型石碑/纪念碑
6. 大喷泉
7. 旱地喷泉
8. 特色钟塔
9. 商业步行街
10. 喷水
11. 湖泊
12. 岛屿绿地
13. 桥
14. 会所/售楼处
15. 花钟
16. 宫廷式庭园
17. 结纹园
18. 月光花园
19. 社区俱乐部会所
20. 网球场
21. 儿童游乐场
22. 高尔夫练习场
23. 咖啡休闲街
24. 娱乐场
25. 保安室
26. 丘陵
27. 散步/慢跑小径
28. 药草园
29. 瓜果园
30. 蔬菜园
31. 温室
32. 果园
33. 带状特色水景
34. 社区公园
35. 野餐树林
36. 特色亭阁
37. 天然喷泉
38. 丘陵公园
39. 睡莲池
40. 雕塑园
41. 鲤鱼池
42. 标本树
43. 钓鱼台
44. 社区服务区
45. 沙狐球
46. 篮球场
47. 嬉水池
48. 游泳池
49. 烧烤场
50. 太极园
51. 迷园
52. 健身园
53. 玫瑰园
54. 人行天桥
55. 儿童嬉水池

总平面图

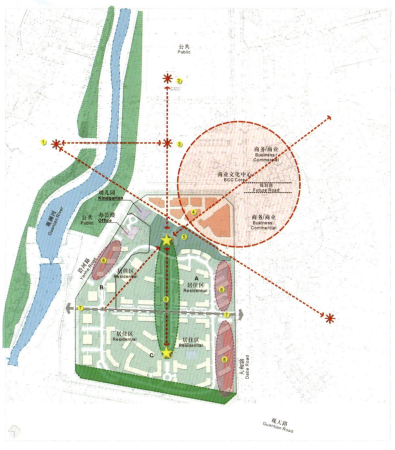

设计概念规划图

图例			
观澜河	① 观澜镇政府	⑤ 中央公园	
现状滨水公园	② 观澜文化艺术中心	⑥ 开放空间轴线	
★ 地标性会所	③ 观澜世纪广场	⑦ 入口林荫大道（私密的）	
绿化隔离带	④ 商业区（公共的）	⑧ 混合用地	
主要视线走廊			

游泳池效果图

中国景观规划设计系列丛书 住宅

商业步行街景观效果图

嬉水池景观效果图

商业广场景观效果图

野餐树林景观效果图

建筑特征图

商业　居住
幼儿园　办公

景观设计风格图

中国景观规划设计系列丛书 住宅
ZhongGuoJingGuanGuiHuaSheJiXiLieCongShu ZhuZhai

深圳市万科坂雪岗小区

　　万科城，四年终成就梦想，约53万㎡的大城，缔造一个上品城市别墅的生活核心。收官鼎座，精工别墅。生态技术的广泛应用，湿地环保，旱溪点缀；户型和园林设计有较大的改良；赠送车库、地下室、花园。部分户型配备双车库或双车位，每套别墅至少有两个花园。

总平面图

总体鸟瞰图

用地分配图

商业中心
停车\开放处
社区活动中心
学校基地
幼儿园
豪华套间公寓
别墅公寓
花园公寓
中高层建筑
公共广场

开发分期图

一期
二期
三期

中国景观规划设计系列丛书 住宅

场地平整图

土方平衡图

车行分析图　　人行分析图

3月上午日照分析图　　　　　　　　　　6月上午日照分析图

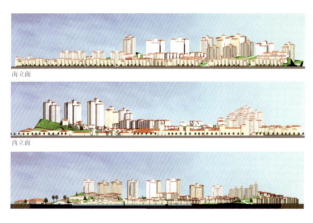

小区沿街立面及剖面图

小区透视图

小区电脑透视图

小区透视图

多层公寓平面图

多层公寓效果图

多层公寓停车平面：
典型公寓楼房
· 每层19个单位
  4-6层
  每栋105-110个单位
· 51个室内停车位
  59个室外停车位

多层公寓停车平面图

小高层剖面图

超市：10,000㎡（3层）
饭店：15,000㎡（最多3层）
　　　（部分1层）
小商店：5,000㎡（150-300㎡）
社区活动中心：3,000㎡
总面积：33,000㎡

商业建筑平面图

商业建筑立面图

商业建筑效果图（一）

商业建筑效果图（二）

商业建筑景观设计平面图

商业建筑景观设计效果图

深圳市宝安幸福海岸

幸福海岸工程位于宝安N15地块，在中心区西北部体育场北侧。东南临罗田路，东北接新湖路，西南毗邻创业路，西北接玉津路。共分三期开发，占地面积 104,616.27m²，总建筑面积 412,850m²。

考虑到该地段临海的优越地理位置以及深圳亚热带海洋性气候的特点，我们将其环境定位为古典、浪漫的海洋风格。整个小区的环境设计体现出滨海风光的热情、浪漫以及郁郁葱葱的植被景象；同时，我们也在细节上进行精心的推敲，用古典、细腻的细节来强化其浪漫的海洋气息。阳光、沙滩、碧蓝的海水和阔叶的热带植物成为我们设计的主要景观元素。

总平面图

注解
1. 景观圆形花坛
2. 镜面水池
3. 沿海大步道
4. 休闲平台
5. 儿童游泳池
6. 竹子草坪
7. 水中咖啡平台
8. 儿童游乐场
9. 观景石
10. 下沉雾广场
11. 草坪
12. 景观草坪
13. 老年人活动区
14. 棕榈大道
15. 雾咖啡平台
16. 景观挂水景

一期总平面图

注解
6. 泳池边小沙滩
7. 游泳池
8. 草坪
9. 观景平台
10. 儿童游乐场
11. 雾喷泉
12. 小剧场
13. 健身区
14. 小亭子
15. 特色铺地
16. 后花园
17. 老年人活动区
18. 室外冷饮平台
19. 中心人行主道
20. 架空部分
21. 步行入口
22. 中心广场
23. 袖珍庭院
24. 棕榈大道
25. 转角花园
27. 大草坪广场
28. 水道
29. 水平台
30. 大亭子
31. 中心剧场
33. 入口
34. 静面水池
35. 水仙花池塘
36. 带张拉膜的舞台
38. 袖珍小广场

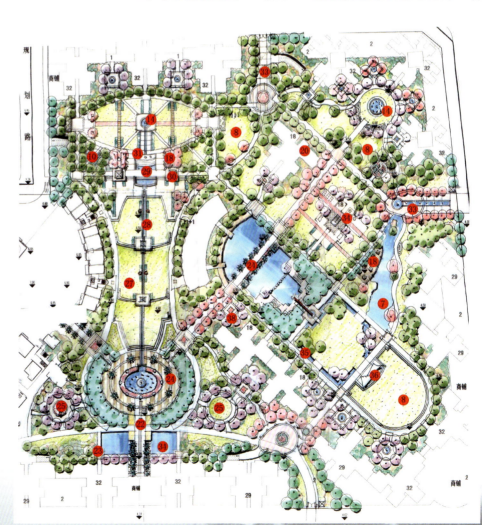

二三期总平面图

中国景观规划设计系列丛书 住宅
ZhongGuoJingGuanGuiHuaSheJiXiLieCongShu ZhuZhai

水中咖啡平台效果图

小区入口效果图

镜面水池效果图

下沉雾广场效果图

休闲平台效果图

中国景观规划设计系列丛书 住宅

深圳市振业翠地星城

基地位于深圳市龙岗区横岗镇六约、深惠公路北侧，距深圳市约18千米，交通便利。横岗镇处于深圳市关外布吉镇与龙岗中心城之间，是深圳著名的生态示范镇，龙岗次区域分中心，工业经济较发达，自然环境保护较好。小区占地总面积41.68万㎡，容积率为1.3，绿化率为40.3%，是一处配套完善的大型住宅小区，小区内设有小高层、多层、联排别墅，有会所、超市、商业街、小学、幼儿园、公交车站、液化气瓶站等配套服务设施。

在满足基地使用功能和规划条件的前提下，符合安全、健康、卫生要求，以生态绿网为基础，以生态谷为骨干，以"自然、生态、亲和力；返璞归真、亲近自然、以人为本"为设计核心理念，再造人工生态系统，使之具有良好的优势度、恒有度和适宜以及可持续发展性，将人工美与自然美融为一体，达到人居物质空间和精神境界的高度统一，以生态园林景观为特色的、具有高度亲和力的、为不同年龄次的居民提供一个真实的、陶冶情操、养生健体、林木繁茂、鸟语花香的"世外桃源"般的优美生态型居住环境。避免对人体有害的沼泽型湿地，注重水塘型湿地，反映水生生物的多样性。避免对人体有害的植物和动物，成为深圳新一代大型生态园林住宅区的典范。

1. 杉影亲水广场
2. 迎宾亲水广场
3. 晚晴乐志
4. 花岛
5. 太平桥
6. 临水广场
7. 涵青
8. 鸟岛
9. 临湖洗心
10. 长庆桥
11. 临水步道
12. 天台花园、缤纷广场
13. 翠地林荫
14. 饮绿
15. S型生态绿廊
16. 吉利桥
17. 波光帆影
18. 翠堤春晓
19. 龟岛
20. 顽童戏鳖
21. 休憩小憩
22. 榕荫休闲广场

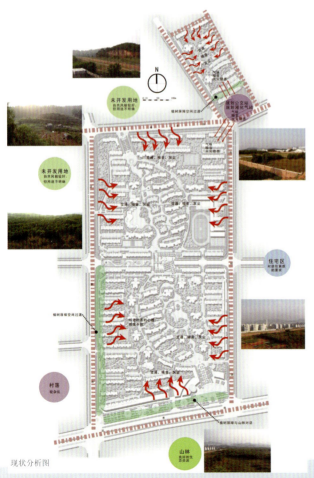

现状分析图

总平面图

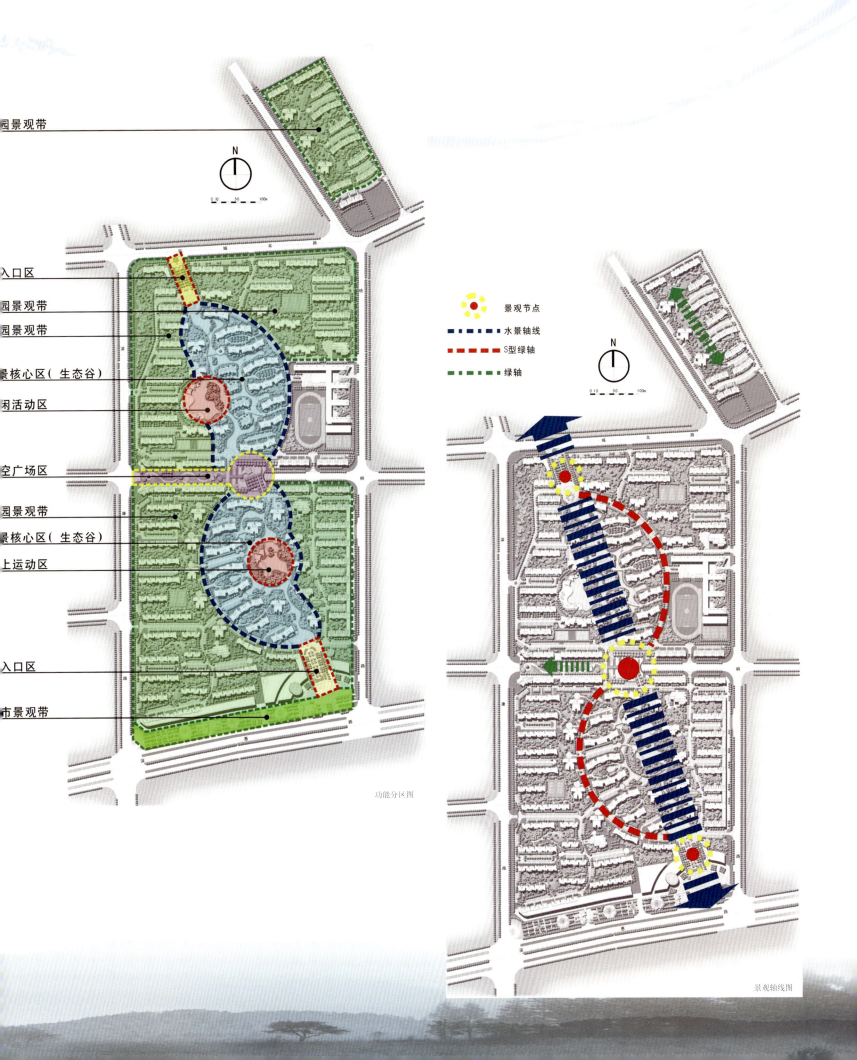

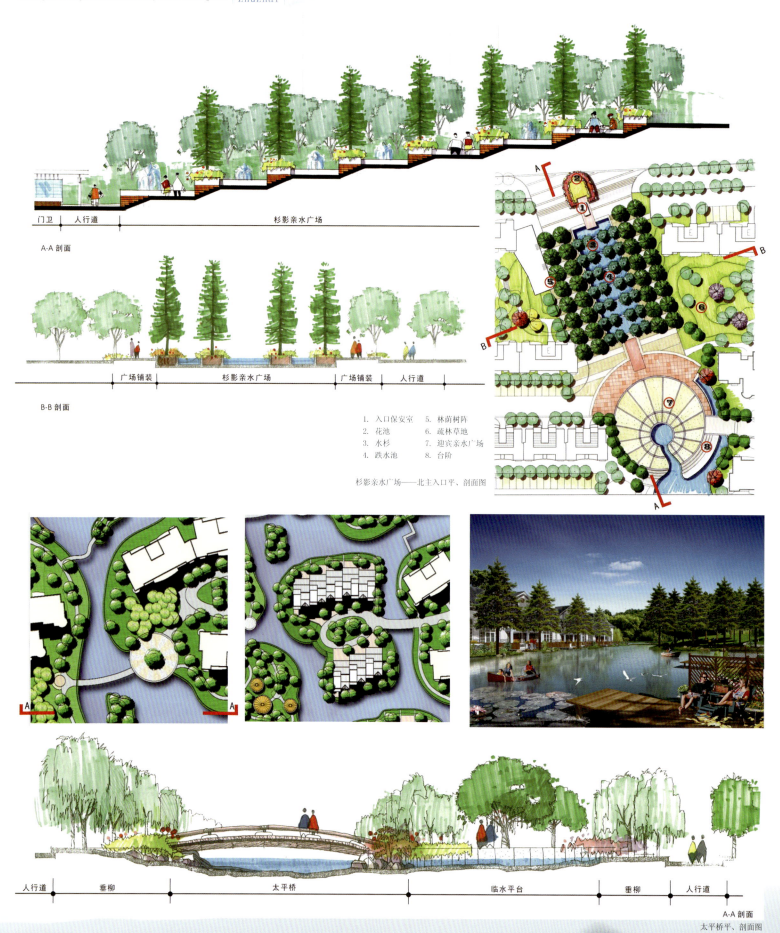

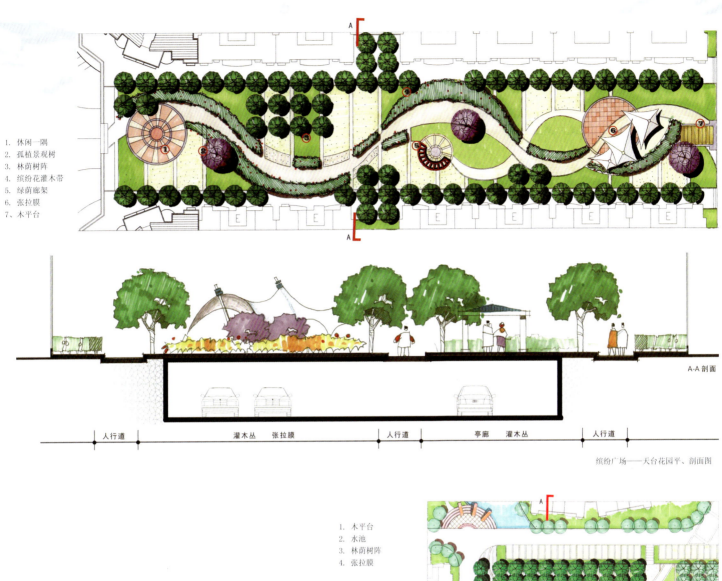

1. 休闲一隅
2. 孤植景观树
3. 林荫树阵
4. 缤纷花灌木带
5. 绿荫廊架
6. 张拉膜
7. 木平台

| 人行道 | 灌木丛 张拉膜 | 人行道 | 亭廊 灌木丛 | 人行道 |

A-A 剖面

缤纷广场——天台花园平、剖面图

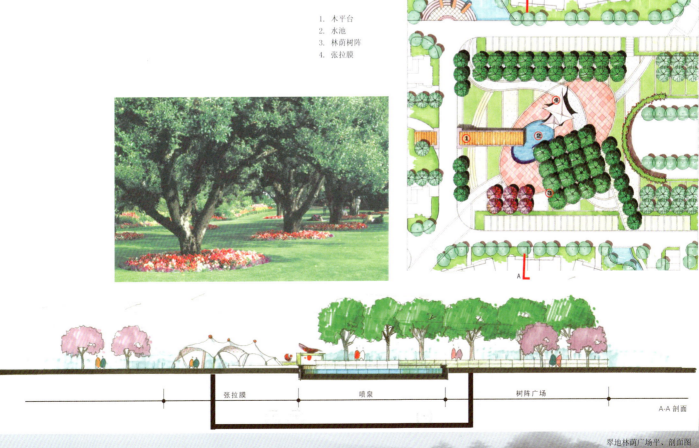

1. 木平台
2. 水池
3. 林荫树阵
4. 张拉膜

| 张拉膜 | 喷泉 | 树阵广场 |

A-A 剖面

翠地林荫广场平、剖面图

中国景观规划设计系列丛书 住宅
ZhongGuoJingGuanGuiHuaSheJiXiLieCongShu ZhuZhai

1. 吉利桥
2. 柳韵
3. 饮绿湖
4. 翠堤
5. 张拉膜
6. 阳光沙滩
7. 儿童戏水池
8. 桥
9. 泳池绿岛
10. 成人泳池

A-A 剖面
翠堤春晓——自然泳池平、剖面图

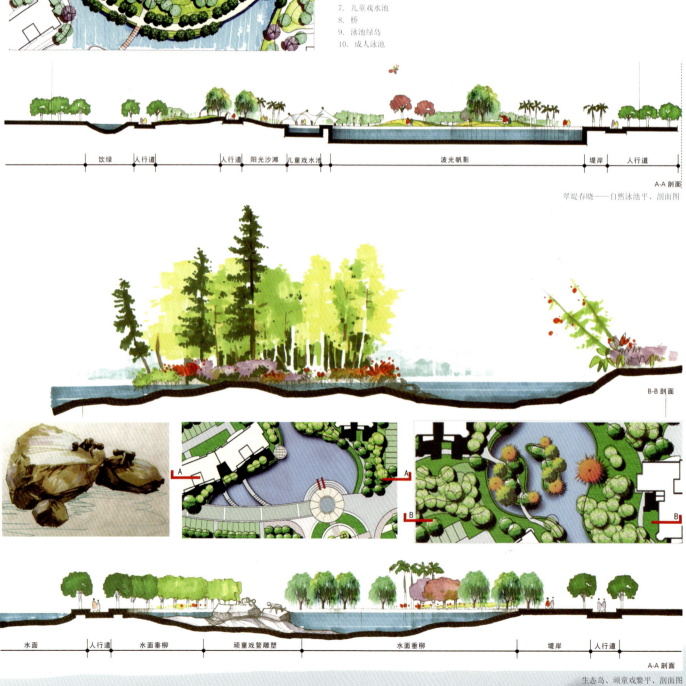

B-B 剖面

A-A 剖面
生态岛、顽童戏鳌平、剖面图

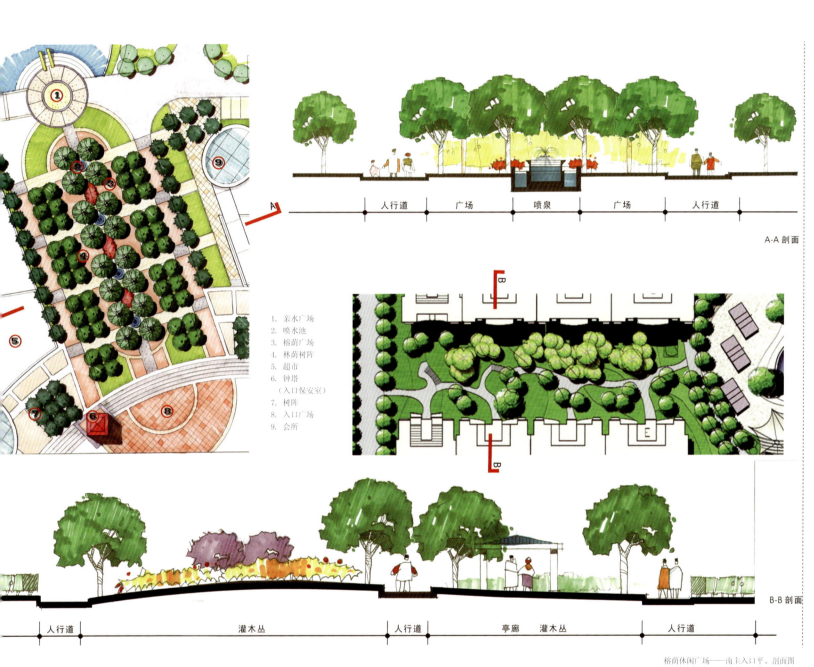

1. 亲水广场
2. 喷水池
3. 榕荫广场
4. 林荫树阵
5. 超市
6. 钟塔（入口保安室）
7. 树阵
8. 入口广场
9. 会所

A-A 剖面

| 人行道 | 广场 | 喷泉 | 广场 | 人行道 |

B-B 剖面

| 人行道 | 灌木丛 | 人行道 | 亭廊 灌木丛 | 人行道 |

榕荫休闲广场——南主入口平、剖面图

什邡市竹溪湾小区

本案设计为什邡竹溪住宅项目景观设计，什邡市位于四川腹心地带成都平原，南距成都市50余千米，什邡是四川省历史文化名城。什邡曾因大禹的足迹而享有"禹迹仙乡"之美誉，秦代著名水利学家李冰曾在此治水并仙逝于此，是佛教南禅八祖马道一的故里，汉代名将雍齿的受封之地，故什邡城又名雍城。

本项目位于什邡市境内，占地总面积35000㎡，绿化率达到30%，优越的区位为业主提供了一片体验宁静，享受阳光的自由天地。是一个集高层和多层于一体的高档居住区。

设计理念：每个人都对于"水"的渴望，因为这种自然要素从人类纪元开始一直陪伴人类左右。而"绿"亦是众人向往的自然美景，人理应诗意的栖居于"绿野"中。为此，我们采用竹翠水清这一特色概念，巧妙将整个水元素贯穿整个住宅区，并在其中不断地增添竹子这个绿色元素。这两种元素和谐地融入整个景观中去，为住户营造一个清新、淡雅的生态居住空间。

指导思想：结合当地独特的地形资源及中国风水学的经典理念，我们将在追求生态和谐的设计理念上，适当运用地形的堆叠及水系的梳理，使整个园区呈现竹径通幽、小桥流水的"清秀典雅"传统山水布局。据此，我们确立了"以水缀园，以竹布景"的指导思想，并总结出如下几点。

——以"绿"为主，创造优美而自然的植物生态景观。
——以"蓝"为辅，营造灵动而丰富的叠山理水景观。
——以"人"为本，提供细致的人文关怀，增加大众的参与性。
——以"变"为胜，运用起伏的地形、流畅的园路，结合四时变幻的季相色彩，提供住户多角度、多层面的动、静观赏效果。

总之，我们将使竹溪拥有"竹、水、人"相依相伴的生态化环境，"绿脉、蓝脉、文脉"和谐交融的景观环境。

1. 主入口广场
2. 中心广场
3. 花岗石、竹彤浮雕景墙
4. 竹文化 景观柱
5. 景观跌水
6. 层叠错落 异型花池
7. 竹造型 景观门
8. 水台构架造型
9. 景观喷水柱
10. 竹广场（卵石、玻璃、草作铺地）
11. 河石护岸
12. 湖心岛
13. 柔性水岸
14. 卵石护岸
15. 运动场（网球、羽毛球等）
16. 健身器材场地、林荫广场
17. 入户小广场
18. 川西风情景墙
19. 碎拼草坪
20. 小型会谈广场
21. 旱河
22. 聚会广场、花树铺地
23. 层叠花池
24. 聚会广场
25. 中型山石组合
26. 层叠错落异型花池、小孩活动空间
27. 居住文化景观墙

规划总平面图

鸟瞰效果图

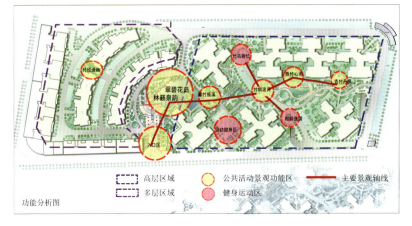

功能分析图

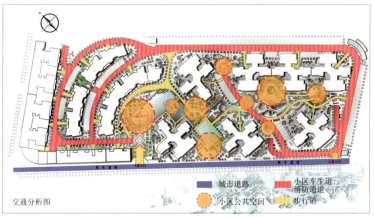

交通分析图

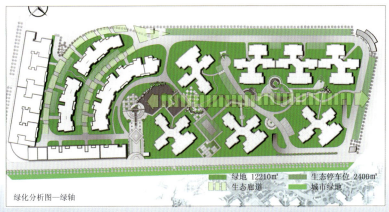

绿化分析图—绿轴

水系分析图—蓝轴

中国景观规划设计系列丛书 住宅

主入口景观分析图

- 竹造型景观门
- 层叠 异型花池
- 景观跌水喷泉
- 竹文化景观柱
- 花岗石镶嵌竹纹案浮雕 景墙
- 人行道 栽植银杏

中心广场

入口广场

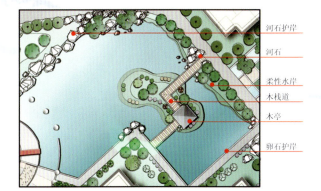

- 河石护岸
- 河石
- 柔性水岸
- 木栈道
- 木亭
- 卵石护岸

翠碧花岛图

- 玻璃铺地下设灯光
- 卵石镶嵌
- 绿地
- 植竹
- 小溪

馨竹揽溪图

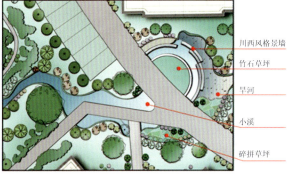

- 川西风格景墙
- 竹石草坪
- 旱河
- 小溪
- 碎拼草坪

竹烟波月图

中国景观规划设计系列丛书 住宅
ZhongGuoJingGuanGuiHuaSheJiXiLieCongShu ZhuZhai

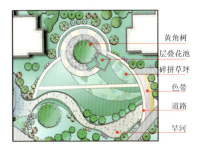
黄角树
层叠花池
碎拼草坪
色带
道路
旱河

雅竹心雨图

银杏树阵
活动空间
碎拼草坪
假山石
旱河

青竹丹枫图

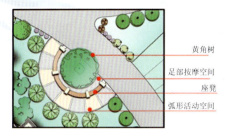

黄角树
足部按摩空间
座凳
弧形活动空间

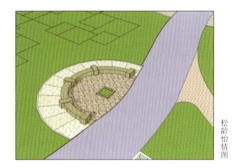

松龄怡情图

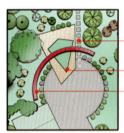

汀步
层叠花池
小孩活动空间
居住文化景观墙

竹马趣忆图

健身器材场地、林荫广场
配置竹类、银杏、桢楠等乔木

健身器材场地、林荫广场图

中国景观规划设计系列丛书 住宅

苏州市石湖华城

长江下游，太湖之滨，有座绵延了二千五百余年，深蕴吴文化的水乡古城——苏州。人们说起苏州，都会提到一句流传已久的赞语："上有天堂，下有苏杭"。苏州的园林，二百年前的巨著《红楼梦》就是从描述苏州阊门开篇的，称之为"最是红尘中一二等富贵风流之地"。明《石湖志略》云："石湖，山水之会也，城郭宫榭多百战之遗，自池园圃极游观之盛"。

石湖华城楼盘位于越溪城市副中心最核心地带，西侧紧邻副中心管委会办公大楼，东侧南侧被小石湖风景区包围，北侧眺望5000亩石湖和15000亩国家森林公园，国际教育园一路相隔，自然山水、行政金融和教育人文集于一身，得天独厚。

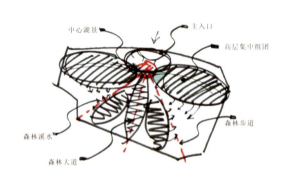

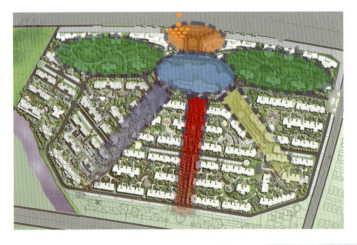

设计构思图

设计理念：时尚，现代，自然，生态

自然，生态以自然景观渗透到每个细节，使每栋楼、每间室都能独享一方绿景，独有一分芳园。增加人与自然之间的对话和交流。其环境的营造，使空间更为灵动，悠然自得地行走于森林空气中。家就在这样一个充满灵气的氛围里，如一个港湾，等着您和家人的浪漫之旅。

时尚，现代，我们用时尚和现代来表达我们一直倡导的新休闲主义。个性化小品设计，以及个性化植物配置，烘托整个园区的设计思想基调，浪漫而又充满现代感。每一处景观，每一寸绿色，都为各个房的主人提供了不同的美丽的窗外之景，也为业主提供具有浪漫色彩的休闲空间，让小区业主从传统的外出休闲模式转变为回家即是休闲，其环境的利用增加了更大的卖点；时尚的设计充斥到各个细节。加强了人与人之间的融洽交流，提高了居住环境的利用率，增强了该园区的价值。

总平面图

中国景观规划设计系列丛书 住宅

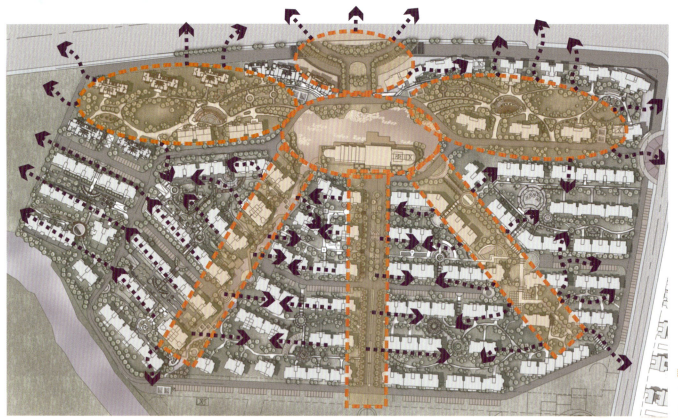

景观构成骨架
景观视觉衍射线路

视觉衍射图

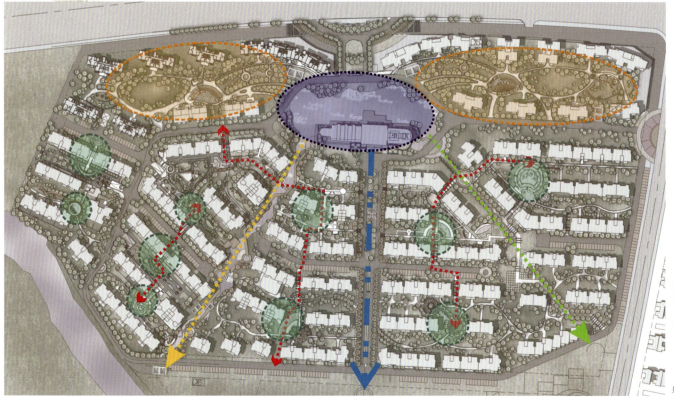

高层活动空间
中心湖区
休闲步道轴线
户间活动空间
空间联接景观廊道
中心景观轴线
水系轴线

景观结构平面

- - - 车行道路
- - - 主要人行线路

景观交通平面

银发活动区
主要活动场所
水滨沿线活动区

活动场所分布图

景观轴线

入口
人工湖
森林溪水　景观大道　森林步道

景观轴线平面图

中国景观规划设计系列丛书 住宅

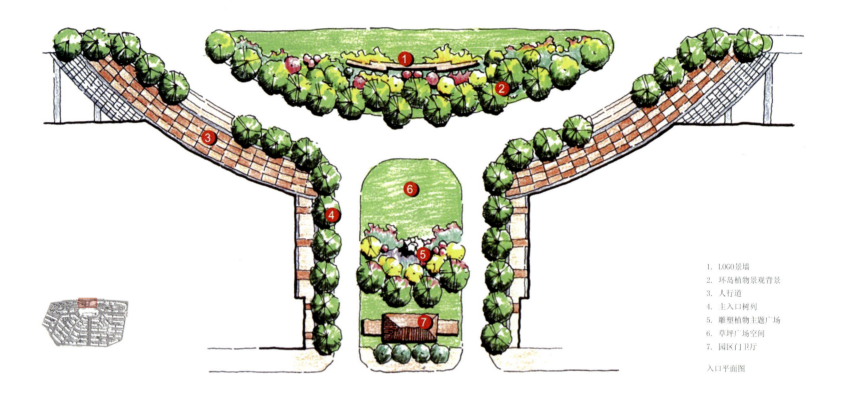

1. LOGO景墙
2. 环岛植物景观背景
3. 人行道
4. 主入口树列
5. 雕塑植物主题广场
6. 草坪广场空间
7. 园区门卫厅

入口平面图

1. 仙子湖
2. 会所
3. 自然式汀步
4. 草坪
5. 休闲观景平台
6. 木栈桥

人工湖平面图

中国景观规划设计系列丛书 住宅
ZhongGuoJingGuanGuiHuaSheJiXiLieCongShu Zhuzhai

1. 草坪
2. 花岗岩碎拼
3. 特色铺地
4. 特色木栈道
5. 混凝土砖铺地
6. 特色花架
7. 银杏

森林步道平面图

森林步道平面放大图（一）

森林步道效果图

1. 草坪
2. 混凝土砖铺地
3. 特色花架
4. 园路
5. 特色铺地

森林步道平面放大图（二）

晓梅轩平面图

游戏活动区
1. 草坪
2. 石材铺地
3. 特色花架
4. 圆路
5. 圆形特色铺地
6. 汀步

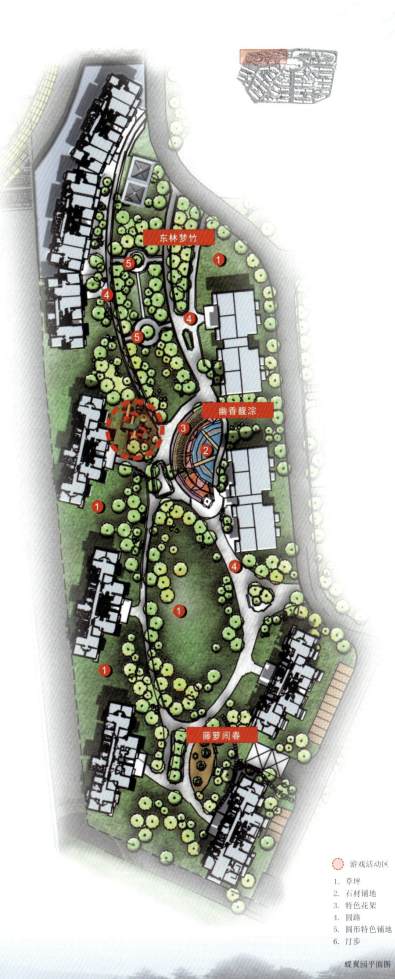

蝶翼园平面图

游戏活动区
1. 草坪
2. 石材铺地
3. 特色花架
4. 圆路
5. 圆形特色铺地
6. 汀步

中国景观规划设计系列丛书 住宅

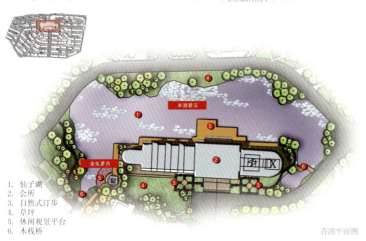

1. 仙子湖
2. 会所
3. 自然式汀步
4. 草坪
5. 休闲观景平台
6. 木栈桥

青湖平面图

1. 凉亭
2. 圆形铺地
3. 自然式汀步
4. 草坪
5. 特色树池
6. 园路

鹦婷轩平面图

1. 凉亭
2. 圆形铺地
3. 自然式汀步
4. 草坪
5. 特色树池
6. 园路
7. 雕塑

颐荷轩平面图

1. 花架下设置座椅
2. 圆形铺地
3. 自然式汀步
4. 草坪
5. 雕塑
6. 园路

风清园平面图

1. 花架走廊
2. 圆形铺地
3. 自然式汀步
4. 草坪
5. 车库顶
6. 园路

回溪园平面图

1. 凉架
2. 圆形木制廊架
3. 自然式汀步
4. 草坪
5. 园路

雨菲园平面图

1. 凉架
2. 圆形木制廊架
3. 自然式汀步
4. 草坪
5. 园路
6. 特色树阵

赋月园平面图

1. 花架步道
2. 森林步道
3. 园路
4. 草坪
5. 自然式园路
6. 停车位

醉竹轩平面图

1. 花架
2. 花岗岩雕塑铺地
3. 园路
4. 草坪
5. 自然式园路
6. 停车位

枫庭轩平面图

1. 凉架
2. 圆形铺地
3. 围合式座椅休闲区
4. 草坪
5. 园路
6. 花架走廊

掬香园平面图

车库顶绿化植物图

植物种植示意图

中国景观规划设计系列丛书 住宅

苏州市中海半岛华府北区

地中海灿烂的阳光，洒落在如绣毯般修剪出美丽图案的灌木上，而一旁的水声叮咚、水花晶莹剔透的喷泉，溅出点点璀璨的水珠。米黄色的砂岩铺地，白色的休闲躺椅，蓝色天空下闲谈的古铜色肌肤的人。古典的意大利园林带给我们浓郁的欧式风格，又极其自然地展现给我们地中海式的休闲风情。

意式园林的最基本造园模式是在高耸的欧洲杉林的背景下，自上而下，借势建园，形成多层台地；中轴对称，设置多层次的瀑布、叠水、壁泉、水池；两侧对称布置整形的树木、植篱及花卉，以及绣毯般的修剪灌木，配以大理石神像、花钵、动物等雕塑。人们在林中，居高临下，海风拂面，一种独特的地中海风光尽收眼底。本案则面向风光旖旎的金鸡湖，从入口开始，沿中轴线设计了多层次、多空间的水景、构筑物、修剪植物，并且配以具有浓郁意式风情的雕刻精美的石像、柱式、栏杆，力图从最基本的元素呈现意式园林的风貌。

图例：
01. 门卫室
02. 意大利式庭园
03. 特色喷泉水景
04. 意式喷泉水池
05. 景亭
06. 特色喷泉叠水
07. 私家庭院
08. 特色交流空间
09. 意式喷泉
10. 特色廊交流空间
11. 景观铺地及花池
12. 地下车库入口
13. 儿童活动场地
14. 次入口

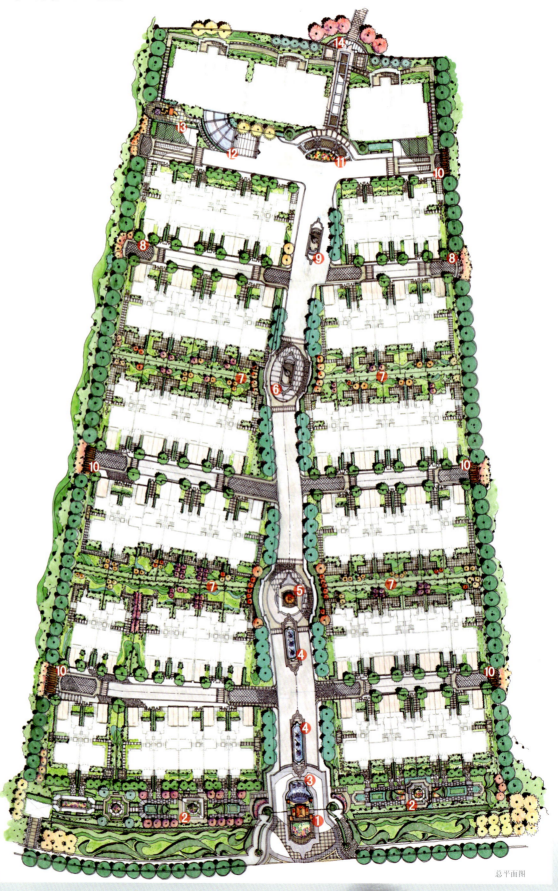

总平面图

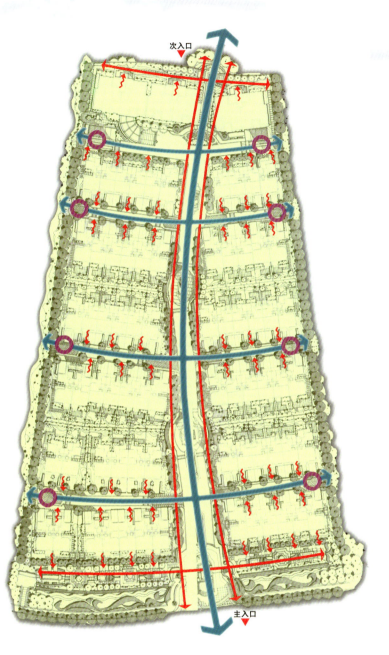

中国景观规划设计系列丛书 住宅
ZhongGuoJingGuanGuiHuaSheJiXiLieCongShu ZhuZhai

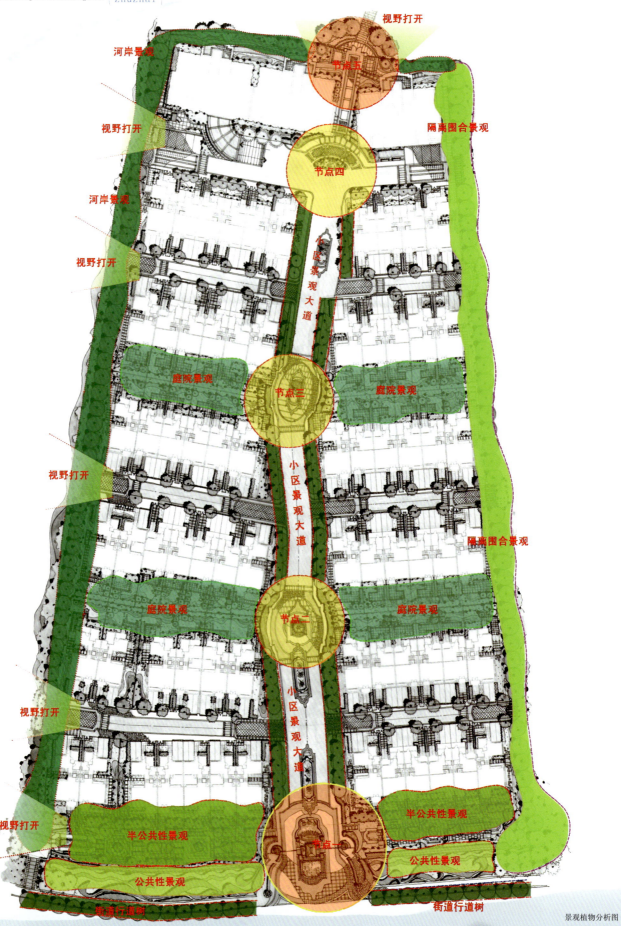

景观植物分析图

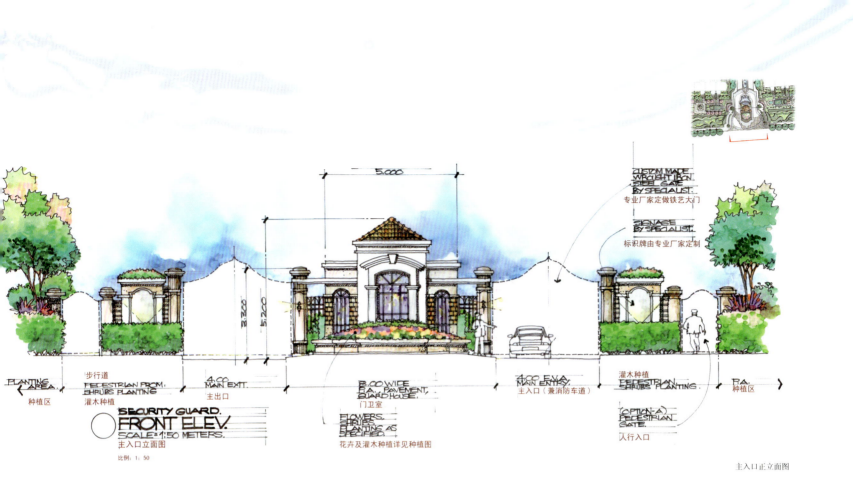

主入口正立面图

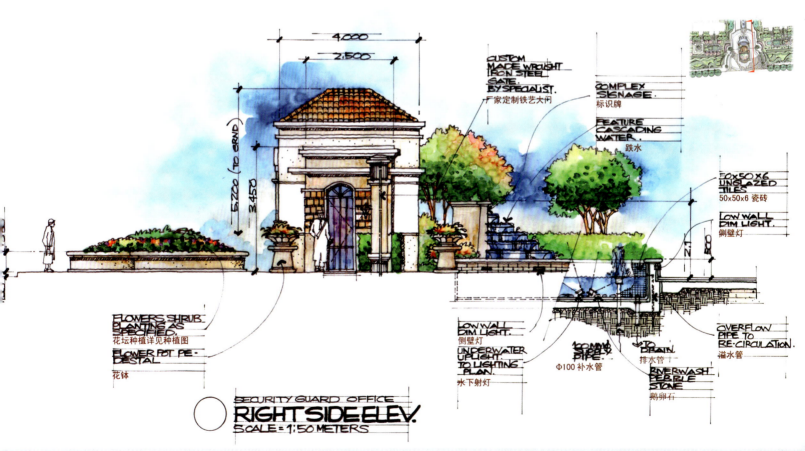

主入口侧立面图

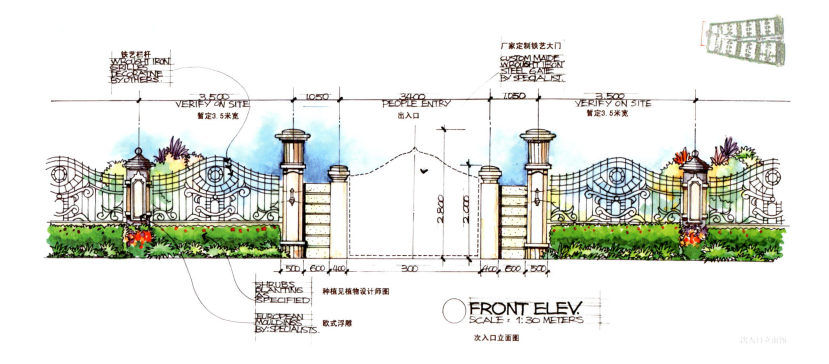
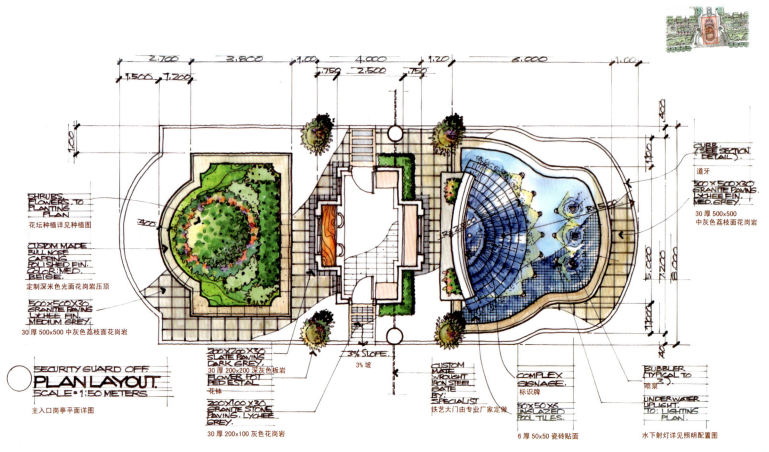

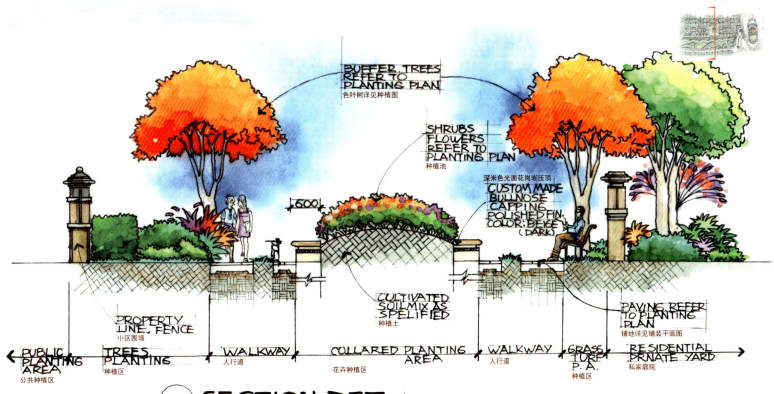
意式公共庭院剖面图

联排别墅入口图

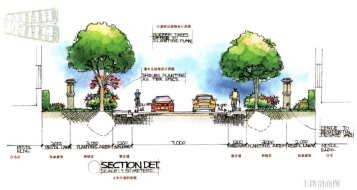
主路剖面图

喷泉景亭透视图

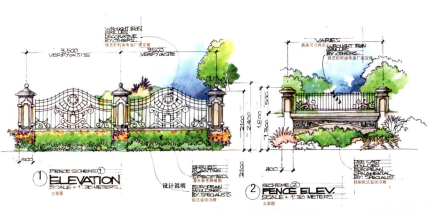
围墙立面图

宿州市某小区

本项目位于安徽宿州市灵璧县，总占地29000多平方米，在该城市为中高档楼盘。

设计理念：

"现代景观素材和自然景观"有机融合是该项目设计的一个重要概念，既强烈的具有现代艺术构成形态的都市景观与柔和起伏的自然生态景观相互结合，又互相形成对比，这意味着打破室外景观的视线，通过视觉轴线主动和被动的引导，鼓励人们融入周边的环境，视觉轴线对设计来说是至关重要的，它是通过设计中对雕塑、水景、植栽、灯光、构筑物和其他元素的运用创造的，这些空间与周围的现代建筑有着一些相同或相似的设计元素，同时通过材质的使用变化产生不同的效果。

"水"也是景观中一个突出的特色要素，既是本设计的灵魂。它具有视觉、动态、静态和反映等一系列功能特性。本设计充分发掘了人和水的互动关系。鼓励居住者近水、接触水，真正体现回归自然的怀抱。该项目的中心轴线通过设计多种不同的形态水来体现，如喷泉、跌水等，灵活应用水打破传统的轴对称，使之具有现代感的居住环境。同时，邻里公园具有相对私密性的空间特点，这些设计更加自然和放松，曲折的步道穿于平缓的草坡之中，每个邻里公园都有相对独立的活动场所和儿童游戏场，提供住户休闲游戏的空间，植栽的设计具有引导性，郁闭或开放的植栽群落导引了步行者的视线和进行方式，增加了景观丰富性和趣味性。

设计手法：

以自然、浪漫主义的设计理念，以现代的景观表现手法，以生态景观的要求，营造出舒适、雅致、休息的空间氛围，提高居住生活的品质，创造出优美的室外环境。

交通分析图

总平面图

中国景观规划设计系列丛书 住宅
ZhongGuoJingGuanGuiHuaSheJiXiLieCongShu ZhuZhai

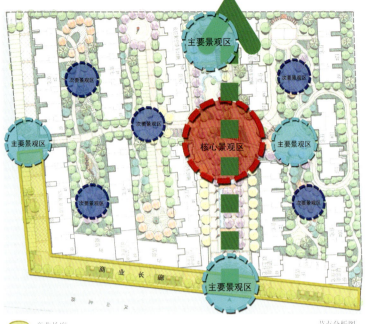

节点分析图

灯光照明图

景观总平面图

景观说明
1. 主入口广场
2. 主入口水景与小品
3. 主入口特色铺装
4. 小品/车档
5. 特色水景
6. 景墙跌水
7. 花园柱廊及小喷泉
8. 水景庭院
9. 特色景墙
10. 木平台
11. 草坪斜坡
12. 竹凉亭
13. 景观花架
14. 运动草坪
15. 带遮荫的休息空间
16. 树阵广场
17. 儿童乐园
18. 特色景墙
19. 休息庭院
20. 消防车道回旋处/羽毛球场
21. 景观廊架
22. 特色小矮墙
23. 咖啡休息平台
24. 水中平台
25. 特色廊架及跌水
26. 景观水池
27. 亲水草阶
28. 公共"绿色空间"
29. 嵌草我消防车道
30. 社区广场
31. 交通岛/特色铺装
32. 消防车道回旋处/雕塑草坪
33. 亲子空间
34. 邻里空间
35. 景观石条
36. 汀步
37. 雕塑小广场
38. 消防车道回旋处/雕花草坪
39. 商业长廊
40. 带厂场牌的景观灯柱
41. 休息座椅
42. 休息平台
43. 咖啡平台
44. 小区次入口
45. 停车位

桐城市新东方·世纪城

地块位于桐城市东部片区的民营经济区内，具体位于民营经济区的中东部。南为龙腾路，北为纬二路，西为安居路，西侧A地块与东侧B地块中部将规划建设成为商业街的东一北路。其中，龙腾路不仅是规划区乃至民营经济区内的主要对外道路，还是桐城市的景观大道。

用地面积：规划总用地面积为20.01万㎡，净用地面积1625万㎡。其中：西部的A地块面积为1245万㎡，东部的B地块面积为797万㎡。

场地条件：居住区用地地势微起伏。有多条高压线，其中A地块被一条高压走廊南北贯穿；B地块的南部建架有多条高压线，东一北路中间也贯穿有一条高压走廊。可借用高压走廊进行生态景观设计。

设计原则——"以人为本""人与自然和谐相处"

1. 统一性原则：小区内部景观与外部大景观相呼应，整体区位的和谐统一。

2. 主题性原则：为形成小区特色，体现本案独特的环境和浓郁的人文气息，注重对景观主题的选择和设计，做到主题明确，周边环境大方简洁，使园区内达到"浓妆淡抹总相宜"的景观效果。

3. 交往空间的创造原则：针对居住空间日趋私密性、传统的邻里交往与关心日益减少的现状，以建筑组合的基本空间形式为基础，在户外环境设计中考虑在创造景观效果的同时，具备邻里交往功能，如户外广场、各种休闲娱乐设施，健身道等，形成小区的交往、活动空间，吸引住户走出家门，在户外享受阳光、绿化和空气。

4. 平面处理原则：为增加园区竖向变化，宅间景观堆坡处理，创造出富有情趣的园林环境。

5. 细部处理原则：在环境设计中，尤其注意视点中心与建筑之边角地带的精心雕凿，对绿化与建筑主体、道路之细部处理更应体现匠心独具的设计。

6. 建筑与景观相互包容原则：将建筑视为景观的一部分，与道路、草坡、绿树、花簇、硬质铺装和建筑天际线构成一组完整的小区景观，所有景观布置围绕着建筑，使环境和建筑之间封闭与开放、紧凑与松散、流动与固定、平面与垂直关系趋向和谐。

7. 整体和谐原则：不同种类的绿色植物在不同的季节以其独特的姿态出现在小区每个角落，园区与道路有机穿插，石材、广场砖、植草砖、卵石等各种不同面层材质机结合；小面积水景以其多变的形态穿插其中；而那些散落的灯饰、小品、雕塑用于点缀和传达人情，人行其中，一步一景，步随景移。

8. 区域自然条件的利用原则：贯穿生态走廊，最大限度地创造出人与自然沟通的绿色空间，创造多样的户外活动空间。

9. 经济原则：材料及施工技法的选择具备实用经济性，树木以乡土植物为主，抛弃大面积水域的设计。以绿化取代过多硬质铺装，从而在节约成本的情况下达到了绿色宜人的生态居住环境要求。

1. 主入口
2. 刺绣花坛
3. 梅园
4. 西入口
5. 草丘
6. 生态休闲廊道
7. 休闲亭台
8. 邻里交往平台
9. 兰园
10. 水景种植槽
11. 竹园一
12. B区入口
13. 异型花池
14. 菊园
15. 邻里交往平台
16. 竹园二
17. 开放草坪
18. 住区公园
19. 彩色灌木带
20. 商业小广场

总平面图

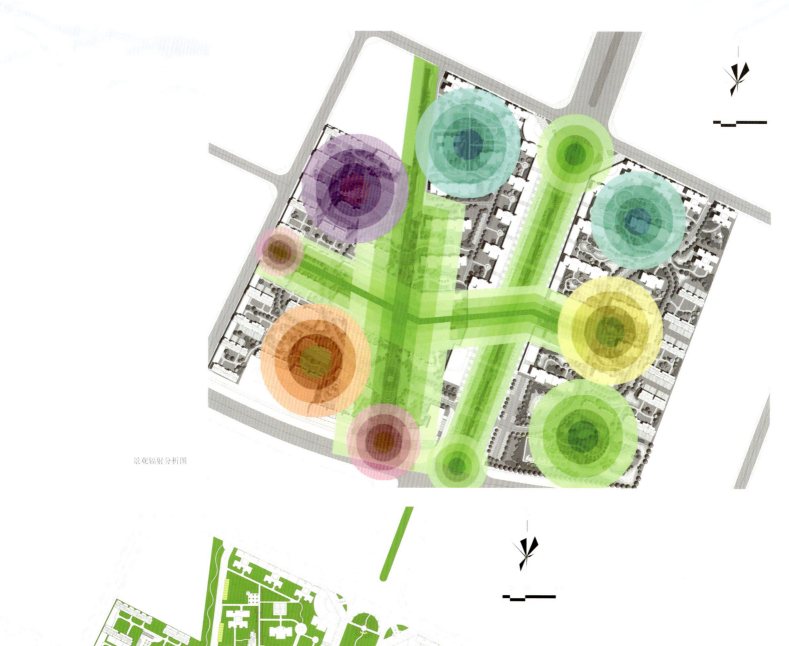

景观辐射分析图

绿化
水面
绿化停车场

绿化分析图

中国景观规划设计系列丛书 住宅
ZhongGuoJingGuanGuiHuaSheJiXiLieCongShu ZhuZhai

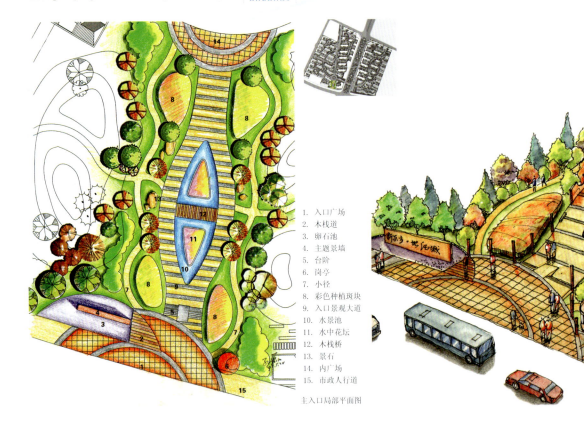

1. 入口广场
2. 木栈道
3. 卵石池
4. 主题景墙
5. 台阶
6. 岗亭
7. 小径
8. 彩色种植斑块
9. 入口景观大道
10. 水景池
11. 水中花坛
12. 木栈桥
13. 景石
14. 内广场
15. 市政人行道

主入口局部平面图

主入口透视图

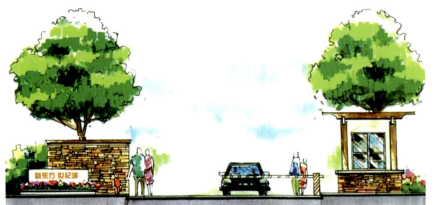

次入口立面图

1. 入口广场
2. 水景池
3. 花坛
4. 岗亭
5. 彩砖景观道
6. 树池

B区入口平面图

1. 临水景台
2. 木栈桥
3. 草丘
4. 彩色种植斑块
5. 水中花坛
6. 雾喷水景池
7. 浏览道
8. 中心水溪

生态廊道局布平面图

生态廊道局布透视图

中国景观规划设计系列丛书 住宅
ZhongGuoJingGuanGuiHuaSheJiXiLieCongShu ZhuZhai

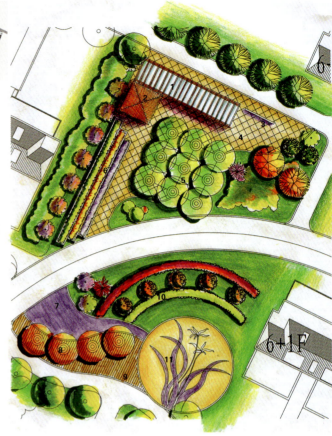

1. 兰廊
2. 兰亭
3. 兰花景墙
4. 休闲广场
5. 树池阵
6. 种植池
7. 卵石池
8. 树池
9. 木栈平台
10. 彩色灌木带
11. 兰花广场

兰园局布平立面图

1. 花坛	6. 沙池
2. 梅花广场	7. 草丘
3. 梅亭	8. 景石
4. 梅花树池	9. 梅花径
5. 儿童乐园	

梅园局布平立面图

梅园入口透视图

1. 书阵广场
2. 竹韵亭
3. 竹
4. 景墙
5. 砖路
6. 石板径
7. 景石

竹园局布平立面图

竹园局布透视图

竹园局布透视图

中国景观规划设计系列丛书 住宅
ZhongGuoJingGuanGuiHuaSheJiXiLieCongShu ZhuZhai

横向景观轴局部透视图

景观廊透视图

异形种植池透视图

袖珍景园透视图

社区公园局部透视图

宅间休闲景园透视图

商业街设计意向图

中国景观规划设计系列丛书 住宅
ZhongGuoJingGuanGuiHuaSheJiXiLieCongShu ZhuZhai

中心水景意向图

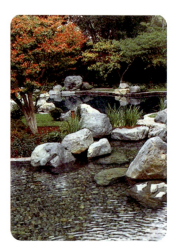

宅间景观意向图

住区公园设计意向图

通辽市枫丹丽舍花园

枫丹丽舍位于通辽市中心区的黄金地段，南临西拉木伦大街，西近城市绿带与市民广场，社区规划用地南北长340m，东西长320m，总用地约10.8万㎡，场地地势平坦。通辽市属温带大陆性气候，春季干旱多风，夏季短促温热，降水集中；秋季凉爽；冬季干冷。无霜期为90~150天，年降雨量350~450mm。常年主导风向为西北风。

面积达4万㎡的大型公共绿地，如此大手笔的处理方法，充分展示了小区中心区宏伟的气势，也标志着高品质住宅园区的界定。从"以人为本"的开发理念出发，枫丹丽舍的园区环境设计体现了一种均衡美，为了把枫丹丽舍营造成为自然、舒适的绿色园区，宅间绿化构成了庞大的绿地系统。

长廊短栏、艺术雕塑、奇石景观、依水而筑的亭阁，将自然和谐地分布在绿地系统中。而遍植园区的乔木、丛竹、灌木、花卉，让住户领略四季的流动。清澈的水面、舒缓流动的溪流则给居住者带来水的灵动，让居住者与自然处于和谐境界。

园区内建筑、植物、道路、水系互相交错融合、辉映成景，为住户提供足够的充满情趣的公共文化空间，努力营造出一种温馨的居住氛围，促进人们真诚的往来和交流。

可入性：在草种选择、植物选择、水系安排中都充分考虑到住户"亲身体味"的要求，使小区住户能触摸自然，感受生活。

均好性：注重环境对每位住户的均好性。在环境布置上采用了泛中心化的方法，把绿地、植物、小品分散到园区的各个角落，让每位住户能享受到宜人的环境。

人文性：将通过半封闭庭院设计使各种空间有机联系起来，促进人与人之间的真诚交往，加强了人与建筑、人与环境的亲善关系。

01. 主入口广场
02. 绿林醉心
03. 林荫步道
04. 临水栈台
05. 艺术游廊
06. 亲水广场
07. 临水步道
08. 枫林广场
09. 童趣乐园
10. 生态健身
11. 彩虹步道
12. 眺望亭
13. 草原风情
14. 林荫小憩
15. 学习天地
16. 香花幽径
17. 听风凉亭
18. 太极广场
19. 绿林栈道
20. 林间栈台
21. 花架休闲
22. 树阵休闲
23. 溢翠留香
24. 蓝球场
25. 竹影汀步
26. 竹阵方台
27. 竹林棋趣
28. 绿篱大道
29. 绿谷春荫
30. 森林球场
31. 森林养吧
32. 绿围闲台
33. 生态包间
34. 落叶品香
35. 特色花池

总平面图

中国景观规划设计系列丛书 住宅
ZhongGuoJingGuanGuiHuaSheJiXiLieCongShu ZhuZhai

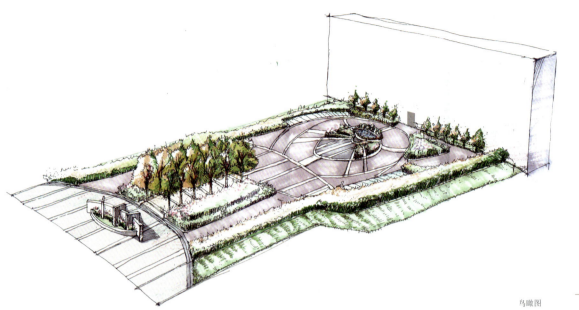
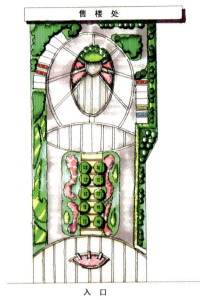

鸟瞰图

次入口景观效果图

"维纳斯"广场效果图

《荷马史诗》园效果图

中国景观规划设计系列丛书 住宅
ZhongGuoJingGuanGuiHuaSheJiXiLieCongShu ZhuZhai

小区休闲广场效果图

中心区效果图

"伊索寓言"乐园效果图

"丹枫呦鹿"广场效果图

"印象雅典"广场效果图

林间栈台效果图

生态健身广场效果图

林荫小憩效果图

别墅区透视图

童趣乐园效果图

中国景观规划设计系列丛书 住宅

花架休闲效果图

艺术游廊效果图

亲子园效果图

亲子园效果图

枫林广场效果图

绿林栈道效果图

凯旋广场森林效果图

林荫绿地效果图

无锡市新世纪花园三期

设计理念：都市中的自然家园

设计原则

1. 现代与自然相结合

本项目地处无锡市中心，占地较小，建筑以高层为主，故本项目景观设计的硬质铺装面积较大，都市味较浓；而自然是人们永恒的追求，通过各种自然的材料及错落搭配的植物，以及监河车库顶部设置的堆坡，营造杂林带，临水处设置木平台等，使得自然与现代的元素能够完美地结合在一起。

2. 大广场概念

本项目面积较小，故不采用传统的道路、广场、绿化明显分开的造园手法，而是将各种道路、广场以及绿化有机地结合成一个整体，区域内的车道也摒弃了一贯的沥青路面，车道面层通过铺装增加了广场化的程度。整个小区成为了一个广场。

3. 俯瞰效果

本项目公共景观区域的周围建筑基本为高层，故公共区域的景观除了考虑人们实际的使用功能之外，还要考虑住户从家中通过窗户向下俯瞰的视觉效果。本设计通过简洁而富有美感的构图方式，使得整个广场具有符合人们审美要求的平面造型，人们即使呆在家中也能感受到自己的美丽家园。

4. 景观的参与性

一个成功的景观不仅仅是可供人们欣赏的，而且能够吸引人们参与进来并充分地利用这一景观。本项目的景观设计设置了各种交流活动场所，有助于加强邻里亲情。另有供儿童使用的组合游具，供父母、老人闲坐聊天的亭子、花架，创造良好的亲子空间。水系的设计，不仅能让人们欣赏瀑布景观，还充分强调其亲水性，人们能够触摸到水，并能够进入水中嬉戏。

总体鸟瞰图

总平面图

局部放大平面图（一）

局部放大平面图（二）

局部放大平面图（三）

中国景观规划设计系列丛书 住宅

ZhongGuoJingGuanGuiHuaSheJiXiLieCongShu ZhuZhai

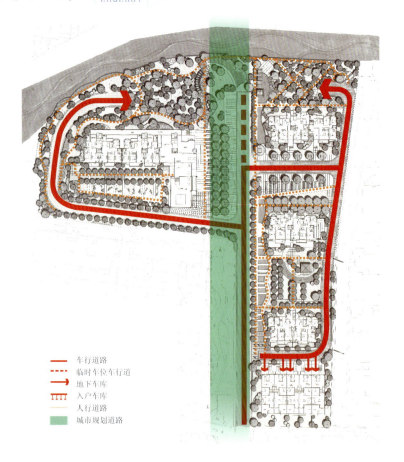

— 车行道路
---- 临时车位车行道
→ 地下车库
▥ 入户车库
— 人行道路
■ 城市规划道路

动线分析图

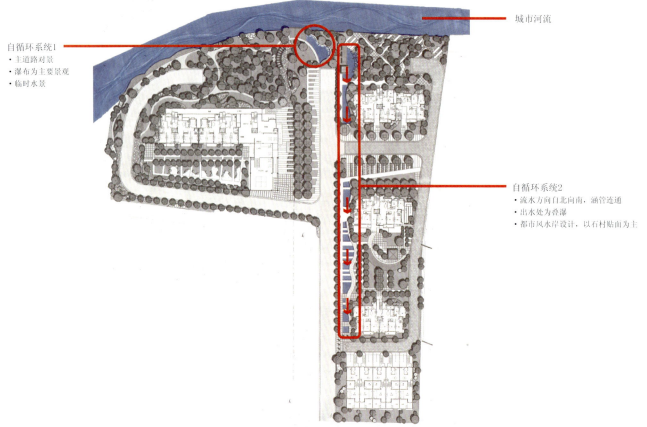

城市河流

自循环系统1
- 主道路对景
- 瀑布为主要景观
- 临时水景

自循环系统2
- 流水方向自北向南，涵管连通
- 出水处为叠瀑
- 都市风水岸设计，以石材贴面为主

水系分析图

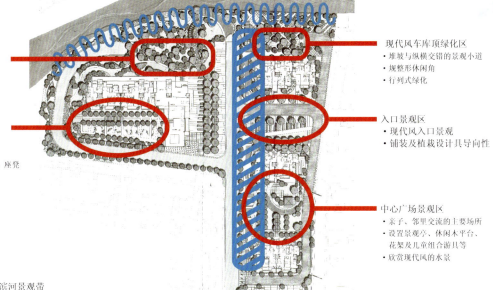

	自然风车库顶绿化区	· 自然堆坡 · 曲线蜿蜒的休闲小道 · 密林式绿化
	屋顶花园景观区	· 自然与现代的结合 · 枯山水景观 · 设置景观亭、休闲平台、座凳
	现代风车库顶绿化区	· 堆坡与纵横交错的景观小道 · 规整形休闲角 · 行列式绿化
	入口景观区	· 现代风入口景观 · 铺装及植栽设计具导向性
	中心广场景观区	· 亲子、邻里交流的主要场所 · 设置景观亭、休闲木平台、花架及儿童组合游具等 · 欣赏现代风的水景
〰〰	滨河景观带	· 设置木平台亲水临河广场
▨▨	水景景观带	· 强调平静水面与直立河岸的对比 · 强调直线与曲线河岸的对比 · 设置亲水散步道及休闲小广场
	私家花园景观区	· 强调私密性 · 草坪为主，辅以乔木及灌木

景观区域分析图

记号	名称	特征
	主入口绿化区	· 列植乔木，具引导性和现代感。 · 树下配以灌木、花卉、草坪。
	屋顶花园绿化区	· 小乔木、灌木及草坪和谐搭配。 · 现代风与自然风结合 · 四季色彩丰富
	宅间绿化区	· 行列式与自然式混合，强调俯瞰效果。 · 落叶树与常绿树的平衡，结合树木花期，渲染四季的色彩。
	休闲林带绿化区	· 高、中、低木自然搭配，营造杂木林的感觉。 · 树木高低错落有致，使树冠之间呈流线型。
	河畔绿化区	· 自然风绿化配置，重视水乡风格。落叶树与常绿树的平衡，结合树木花期，渲染四季的色彩。 · 沿河植栽多采用于散步时能感受到风的树木。
	临时绿化区	· 列植高大乔木。 · 大片的鲜花及草坪
	私家花园绿化区	· 私家花园内疏落有致、层次丰富。
	车道绿化区	· 列植行道树 · 注意边界围墙的遮挡处理。

植栽分析图

中国景观规划设计系列丛书 住宅 ZhuZhai

对景瀑布效果图

景观叠瀑效果图

屋顶花园效果图

中心广场效果图

无锡市香梅假日花园环境二期

无锡香梅假日花园二期位于无锡市东南方向——梅村镇镇政府北侧。东邻新梅东路——城市快速干道（60m宽红线），西临新梅西路（24m宽红线），北临坊义路。环境设计总面积为56150㎡，包括二期住宅部分景观面积40700㎡、沿河部分景观面积13700㎡和架空层景观面积1750㎡。

景观设计概念

1. 规划设计遵循景观生态学的原理，以水景为主。把整个住宅区及商业街连系一起，同时通过小桥、小径、木栈走道把别墅小区及高层住宅联系起来，让大家犹如置身于山水之间。并且结合多种造景手段，为住户提供视、听、嗅、味、触觉等多样化的自然感官享受，营造结构合理、功能高效、关系和谐的居住区景观系统。

2. 规划设计从人的需求出发，在构筑个性化的物理环境的同时，遵循游憩行为学的原理，提供多样化的游憩功能设施及场所，以满足不同使用者(如年长者、儿童、青少年等)游憩的需要。

3. 设计风格与建筑风格相协调，多用现代感比较强的设计元素。将传统造园手法与现代园林的需求相结合，大处着眼，小处着手，将有限的面积做细做活。

4. 在设计中我们注重园林水景的运用。将水体以不同的形式展现出来，主流设在小区中心地带，从高到低，由外到内，环绕着高层建筑、中层建筑及最里面的别墅群。流水由西向东，由高到低缓缓流淌，并从主流中分出支流，流向北边的古运河，区内与区外水体相应及交融，加上不同景观衬托，使整个小区有如置身于"在水中央、水岸一色"的感觉之中。

5. 美化古运河岸堤景色。配合不同的活动设置，塑造优良的居住空间，让每一用户可享受惬意舒适的生活空间，在规划小区时引入生态元素，减少对运河及周围环境的损害，致力发展为一个生态环境丰富的社区。

6. 植物种植以常绿为主，落叶为辅。利用植物四季的变化，通过各种乔、灌、花的合理搭配，以创造三季有花，四季有景的美丽环境。将绿化概念融入居住环境，让民享有广阔的绿色空间

1. 河畔走廊
2. 河岸走廊
3. 河涧花园
4. 活水广场
5. 主入口广场
6. 次入口广场
7. 水文化主题商业街
8. 风筝广场
9. 渔人码头
10. 环河缓跑径
11. 缤纷树阵
12. 浅水卵石滩
13. 亲水栈道
14. 水上舞台
15. 极限乐园
16. 微地形景观
17. 水景雕塑
18. 欢乐涌泉
19. 瀑布水景
20. 叠溪谷
21. 生态岛
22. 私家花园
23. 跌水景观
24. 流水景墙
25. 涌落水台
26. 绿色停车场

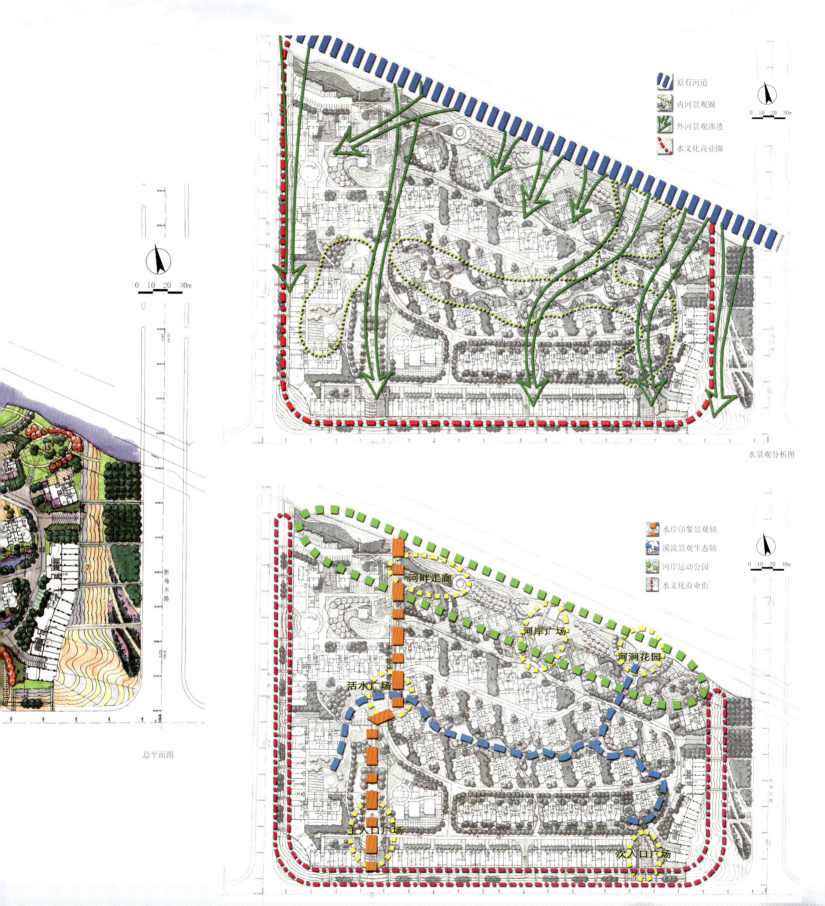

水系统分析图

场地功能分布图

交通分析图

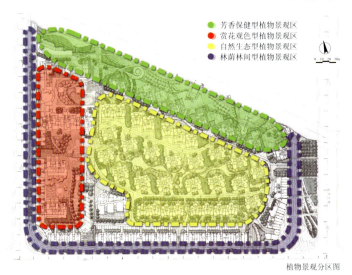

植物景观分区图

私家花园断面图

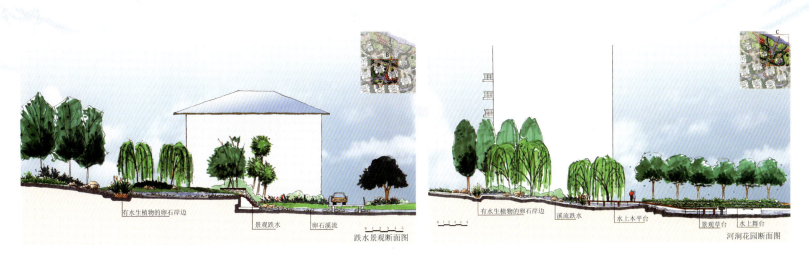

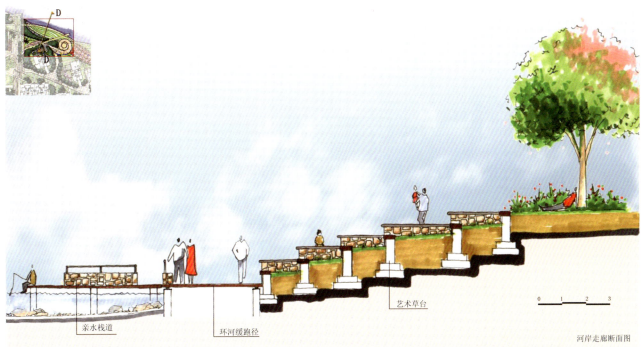

中国景观规划设计系列丛书 住宅
ZhongGuoJingGuanGuiHuaSheJiXiLieCongShu ZhuZhai

沿岸码头景观透视图

木栈道景观透视图

别墅的景观透视图

别墅的景观透视图

人行路往小区景观透视图

中国景观规划设计系列丛书 住宅

车道

儿童游戏场

花架

建筑入口意向

健身漫步道

跌水

瀑布水景

疏林草地

自然水岸

建筑出入口种植意向

自然水景

景观意向图一

极限乐园

河岸散步道

河畔走廊景观意向

商业街花池

架空层意向

河岸广场

树池

河畔走廊意向

商业街水景喷泉

商业街小品

景观意向图二

商业街水文化小品

架空层入口

亲水栈道

浅水卵石滩

架空层装饰墙

景周围植物意向

商业街旱地喷泉

商业街主题景墙

景观意向图四

无锡市西河花园

西河花园位于无锡市中心,地理交通条件优越。紧临明珠广场西端,北临县前西街,南面规划为商业步行街。

设计定位:通过环境艺术手法,创造无锡一流的屋顶花园环境,从而为西河花园赢得良好的声誉和品牌效应。

设计理念:由于西河花园内的中心绿地为屋顶花园性质,综合考虑其结构、面积、功能的特点,围绕"古树""古迹"现状文脉,体现绿地的协调性与现代性,从而以精到的设计和制作加以把握。

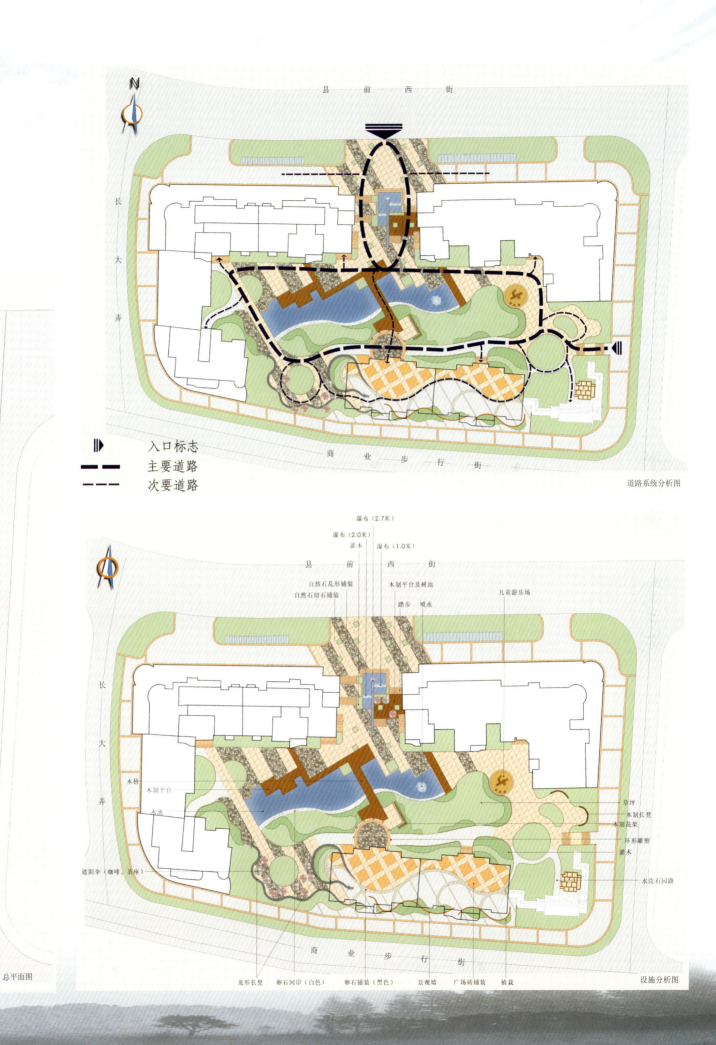

中国景观规划设计系列丛书 住宅 ZhuZhai

景观分析图

主入口景观图

古树景观图

水体景观图

无为县秀水世纪花园

无为秀水世纪花园南临金塔路，东接襄安路，占地面积90300m²，金塔路为将来无为县主要交通要道，襄安路是比较成熟的商业街，本地段是将来无为县开发的重点，有着巨大的升值潜力和广阔的发展前景。我们的市场定位即是"生态农业人文"，众所周知，无为县是长江边的农业大县，具有悠久的农业文化传统。从浙江绍兴的文化背景来看，主要是酒文化和书法文化，以及鲁迅现象。另外，我们也抛出了"领略江南风情"的宣传，主要是来自江南的开发商将江南水乡的内涵带到了无为秀水世纪花园。园中一条蜿蜒的小河从绿化带中穿过，顺着地势有收有放，在中心景观区有广场喷泉，水的文化在这里浑然天成。

中心组团透视图

总平面图

总体鸟瞰图

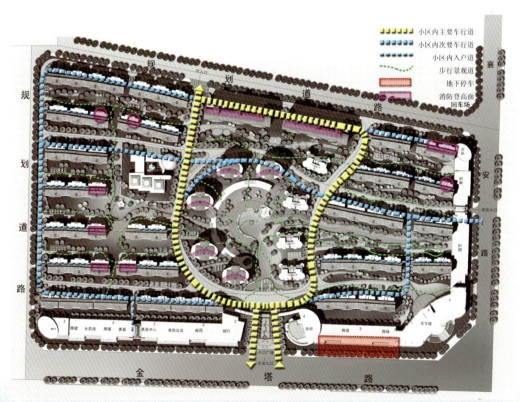

交通分析图

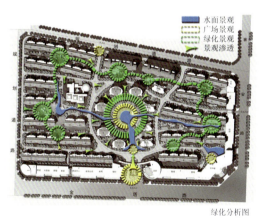

绿化分析图

日照分析图

武汉市常青花园第十一区

常青花园十一小区处在常青花园东北边中部，总用地12.2584万m²，是常青后继发展的重要地块，建筑设计现代简约。

在快节奏的都市生活中，人们都在寻求一种理想的生活方式，一种健康、积极的生活方式，这正是我们在这个项目设计中要提供的。站在"人性"的角度上，我们要创造清新、明媚、舒适、安静、浪漫的空间环境。

在紧张的工作之余，有一个环境幽雅，舒适休闲的港湾调节身心是现代人追求的健康生活理念。常青花园十一小区对环境景观提出明确的主体要求，其环境不仅仅是简单的绿化与美化，而是体现更深层次的追求世界人居环境的生态景园，通过山、水、树、石、建筑、小品等造园元素的科学组合营造出一个与世界健康环境潮流相符，适合现代都市人居住的宜人港湾。居住在常青花园的居民，既能享受现代文明生活的奢华舒适，又有良辰美景鸟语花香，体现以人为本、热爱自然、人与自然和谐共处的主题。

花园总体设计要求环境景观的主题性与形象化，围绕主题，根据小区不同的地理环境，设立功能各异、不同特色的多组生态环境空间。以水及植物作为表现主题的主要元素，通过空间的开合变化，植物的高低错落、疏密变化、色彩的浓密对比，形成赏心悦目的节奏、空间、色彩、透视、昼夜灯光等形象语言，体现在满足生活功能基础上的自然生态生活环境。

总平面图

1. 中央喷泉
2. 儿童乐园
3. 卵石滩
4. 健身场
5. 按摩道
6. 廊架
7. 凉亭
8. 入口广场
9. 水景观赏区
10. 地下车库入口
11. 车入口
12. 塔点广场
13. 汀步
14. 长椅
15. 次入口

平面图

鸟瞰效果图

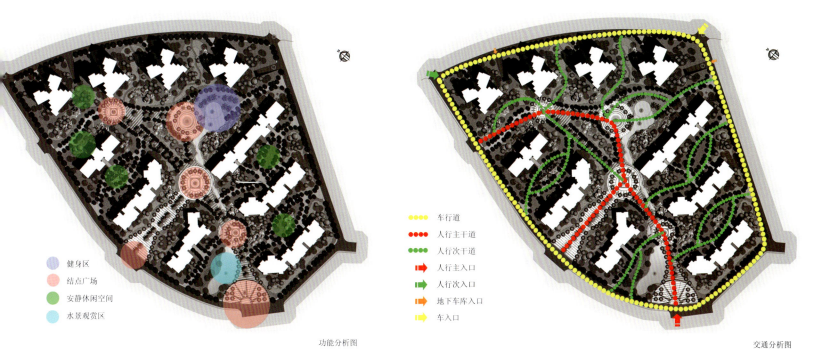

健身区
结点广场
安静休闲空间
水景观赏区

功能分析图

车行道
人行主干道
人行次干道
人行主入口
人行次入口
地下车库入口
车入口

交通分析图

中国景观规划设计系列丛书 **住宅** ZhuZhai

ZhongGuoJingGuanGuiHuaSheJiXiLieCongShu

局部效果图1

局部效果图2

C景墙　　局部效果图3

D-D剖面图

立面图　　剖、立面效果图

局部效果图4

景观意向图

植物意向图

中国景观规划设计系列丛书 住宅

武汉市翠微新城

城市的活力让生活变得丰富，城市的节奏让空间变得时尚，城市，让生活变得更美好。城市精神是一种空间的属性，更是一种生活的方式。在城西故里，在翠微新城，创造一片代表城市精神的美丽新世界，创造一片令人赞叹的都市美景！

翠微新城地块位于武汉市内环线西南侧汉阳区内，汉阳归元寺北侧，可谓一块福地。同时北邻汉阳大道，东接翠微横路，交通便利。

基地总面积12.07万㎡，现状地块情况较为复杂，部分地块地形起伏较大，最大高差达到1.5m左右，并保留有较多大树。

景观设计充分考虑了建筑规划中两条狭长形的空间布局，通过各景点的过渡与连接，形成了小区内部东西两条中央互动景观带，将景观效应增加至最大，满足社区居民对景观均好性方面的需求。

根据空间的布局与"美丽新世界"的设计概念，两条中央景观带各具特色。西部景观带结合几个居住组团，强调了运动与社交的重要性，设计了若干不同特色的硬质活动、交际的场地，结合景观林、景墙、特色花架等景观元素的运用，创造出一系列富有趣味的空间环境，增强了居民的参与性。

东部景观带的设计以水体环境为主，强调了社区居民的休闲与观赏。跌落的水流声成为环境的背景声音；蜿蜒、恬静的水面展现了独特的开发理念；一池碧水映蓝天，空间清新洁净，是社区居民观赏、休息的理想场所。

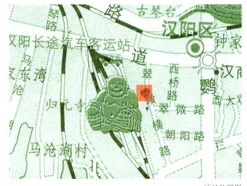

项目位置图

1. 北入口广场
2. 绿野石径
3. 亲子乐园
4. 置石庭院
5. 明珠花园
6. 花园里弄
7. 露天咖啡吧
8. 叠泉流韵
9. 花架步廊
10. 温馨港湾
11. 回车广场
12. 休闲画街
13. 临水漫步
14. 休憩小庭院
15. 林荫树阵
16. 枫林跌水
17. 林荫大道
18. 跌落休息平台
19. 康体园
20. 内庭院

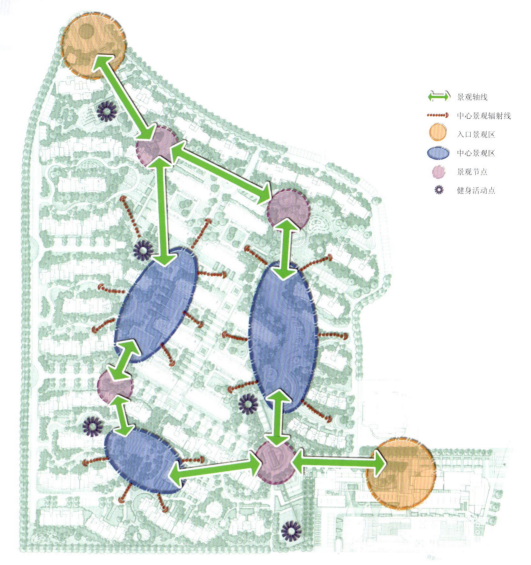

景观功能分析图

图例:
- 景观轴线
- 中心景观辐射线
- 入口景观区
- 中心景观区
- 景观节点
- 健身活动点

中心景观轴
景观节点

车行交通线
入户交通线
游览步行线
入流活动集散点

景观总平面图　　　　中心景观轴图　　　　景观游线分析图

中国景观规划设计系列丛书 住宅

1. 休憩庭院
2. 镂空景墙
3. 色叶树
4. 景观置石
5. 景观灯柱
6. 阳光草坪

1. 喷泉
2. 跌水
3. 景观种植
4. 棕榈
5. 景观小品
6. 临水步道
7. 岛上咖啡吧

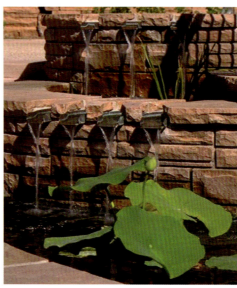 

1. 亲水步道
2. 水池雕塑
3. 草坪雕塑
4. 亲水台阶
5. 木质栈道
6. 休息亭
7. 亲子乐园
8. 涌泉

1. 溢水池
2. 水池树穴
3. 水景花坛
4. 车行道
5. 背景种植

1. 景观台阶
2. 景观树阵
3. 草坪汀步
4. 跌落花坛
5. 网球场

1. 入口对景大花坛
2. 入口特色铺地
3. 石径
4. 修剪灌木
5. 背景灌木
6. 景观种植

置石庭院透视图　　　　　　　　　　　　　　　林荫树阵透视图

叠水流韵透视图　　　　　　　　　　　　　　　温馨港湾透视图

广场入口透视图　　　　　　　　　　　　　　　休闲画街透视图

休憩小庭院透视图　　　　　　　　　　　　　　枫林跌水透视图

西安市灞业大境

灞业·大境项目地处东郊长乐东路，北临地铁1号线长乐坡站500m，南距规划中的地铁6号线1000m，西临规划中的城市主干道，东侧与贯穿连接长乐坡及田家湾的长田路200m。项目距离城中心仅6km，经城市主干道、咸宁路可直通到达。

本次设计内容为本项目样板区，占地面积约为4万㎡，设计中重点考虑打造展示项目整体风格品质和在建会所、样板房品质高度统一的窗口，为项目整体开发提供高起点基础。

依据"灞业·大境"的项目定位，本案设计定位为地产概念下的欧式风格大盘，其建筑风格偏重于欧式风情，其景观园林以呈现艺术特征为代表性的欧式风情为主。

从"灞业·大境"的示范区规划总平面图看，首先吸引人的在于主入口水系和样板房展示区两个水系设计，其次是阳光果岭设计和会所的核心营造。

我们认为"灞业·大境"的设计定位必须从项目总体的风格与艺术氛围的提升出发，包容示范区的功能性与景观性，合理分区，建立分区的景观理念，丰富景观的整体风格下的多样性，营造景观的展示性，我们将"灞业·大境"的景观设计定位描述为："贵胄天成的庄园生活，生活艺术的大境之城，上流阶层的私享专属，逸动梦幻的景观人文"

项目概况图

经济指标

项 目	面积（m²）	%
总占地面积	46374	100
建筑占地面积	2360	5.1
景观水体	868	1.9
停车位	810	1.7
道路面积	5435	11.7
硬质景观	3472	7.5
绿地面积	33429	72.1
绿地率	72.1%	
绿化率	82.3%	

1. 入口广告引导
2. 入口花园
3. 小区门禁
4. 阳光高尔夫
5. 林荫道
6. 迎宾广场
7. 户外停车场
8. 商务休闲空间
9. 开敞水景空间
10. 阳光草坪
11. 白桦林
12. 会所

总平面图

中国景观规划设计系列丛书 住宅
ZhongGuoJingGuanGuiHuaSheJiXiLieCongShu ZhuZhai

144/145

总体鸟瞰图

中国景观规划设计系列丛书 住宅
ZhongGuoJingGuanGuiHuaSheJiXiLieCongShu ZhuZhai

主入口鸟瞰图

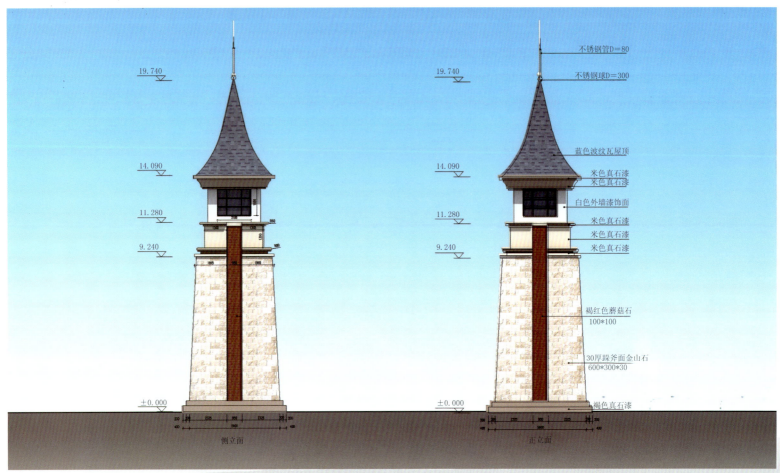

侧立面 正立面

不锈钢管D=80
不锈钢球D=300
蓝色波纹瓦屋顶
米色真石漆
米色真石漆
白色外墙漆饰面
米色真石漆
米色真石漆
米色真石漆
褐红色蘑菇石 100*100
30厚跺斧面金山石 600*300*30
褐色真石漆

主入口景石示意图

景观示意图

中国景观规划设计系列丛书 住宅
ZhongGuoJingGuanGuiHuaSheJiXiLieCongShu ZhuZhai

入口景观区
核心景观区
景观功能展示区
生态林风情展示区

功能分区图

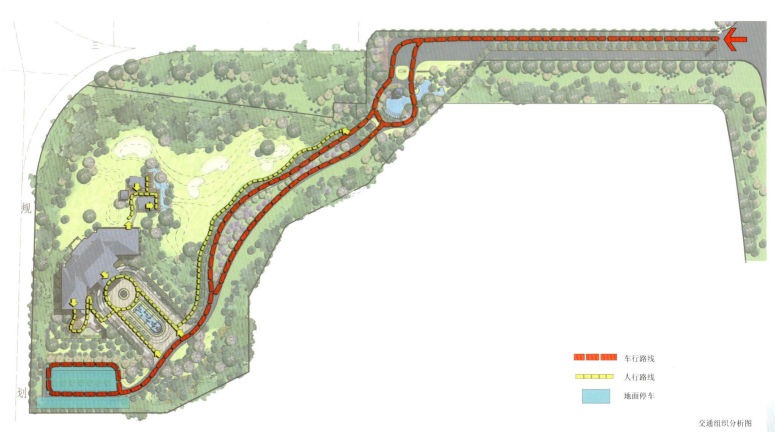

车行路线
人行路线
地面停车

交通组织分析图

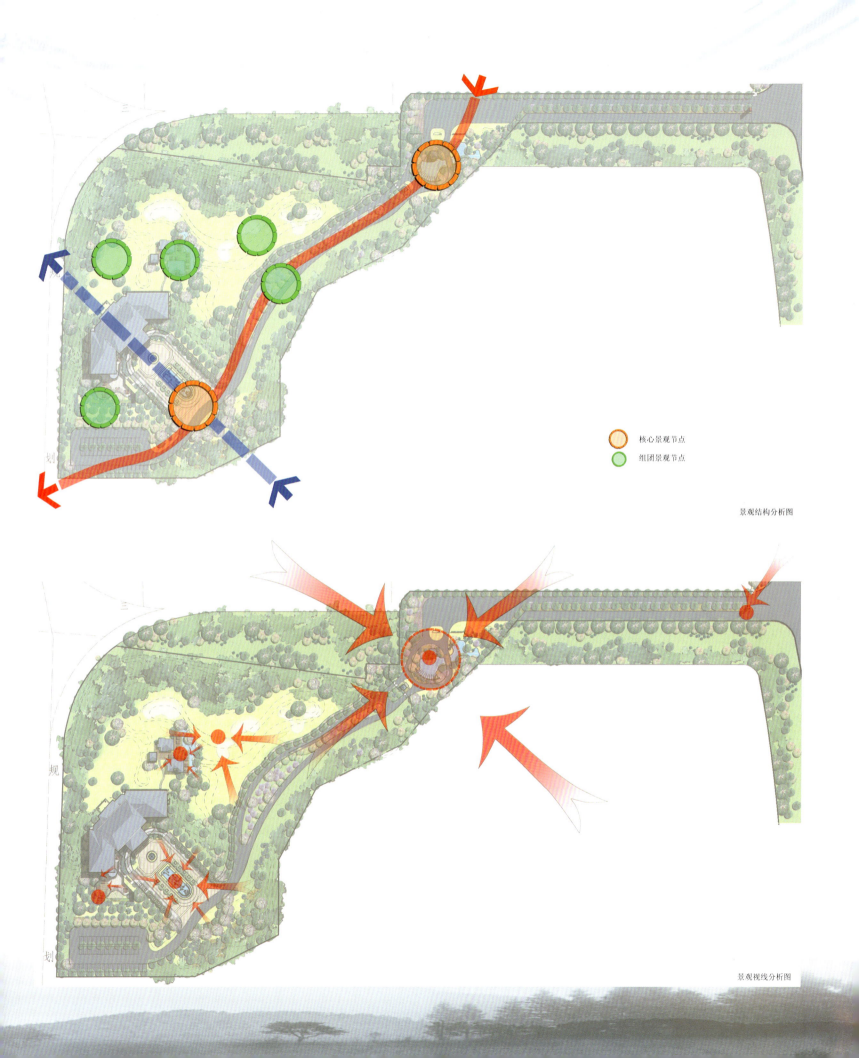

○ 核心景观节点
○ 组团景观节点

景观结构分析图

景观视线分析图

中国景观规划设计系列丛书 住宅
ZhongGuoJingGuanGuiHuaSheJiXiLieCongShu ZhuZhai

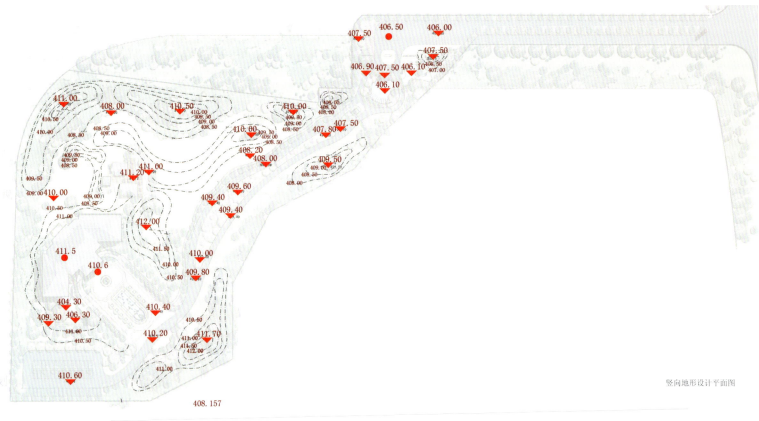

竖向地形设计平面图

景观照明平面布置图

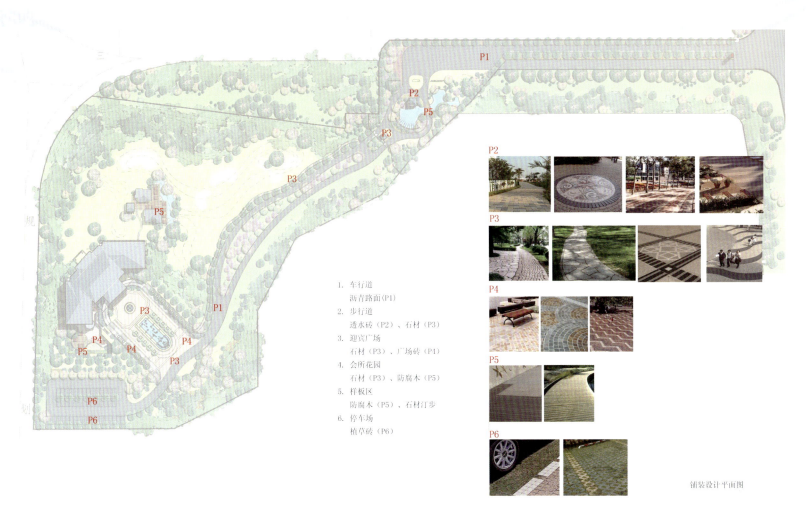

1. 车行道
   沥青路面(P1)
2. 步行道
   透水砖（P2）、石材（P3）
3. 迎宾广场
   石材（P3）、广场砖（P1）
4. 会所花园
   石材（P3）、防腐木（P5）
5. 样板区
   防腐木（P5）、石材汀步
6. 停车场
   植草砖（P6）

铺装设计平面图

图例

▲ 室外家具
  —座椅
  —垃圾箱

✹ 艺术品/雕塑

室外家具设计平面图

中国景观规划设计系列丛书 住宅

1. 入口沥青路
2. 入口景石
3. 入口logo景墙
4. 花境
5. 塔楼
6. 自然水池
7. 欧式景墙
8. 吐水景墙
9. 门禁
10. 微地形植物群落

入口花园详图

1. 水质亲水平台
2. 休闲桌椅
3. 景观水系
4. 自然景石
5. 自然放坡驳岸
6. 汀步

样板房水景详图

会所前欧式喷水水钵

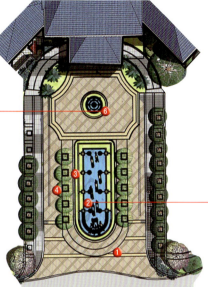

1. 铺装广场
2. 群马雕塑
3. 花钵喷水口
4. 种植池
5. 缓坡草坪
6. 叠水花钵
7. 景墙

迎宾广场详图

车行道入口广告引导

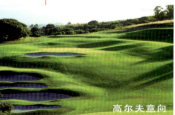
白桦林种植效果图

高尔夫意向

群雕效果图

重要节点鲜花点缀

景观意向图

西安市紫郡长安

紫郡长安位于朱雀大街南段，拥古城国门皇道，占地280亩，是城南区最大的新中式建筑，携世界五百强商圈，以便捷交通横贯高新、曲江两大板块，立于8大高校铸就的人文高地，距离西安国际展览中心约0.5km，与电视塔相对应，既可品鉴历史，也可开拓未来。

紫气东来长安筑，郡舞凤凰观景天，紫为贵、郡为王。紫郡长安是摒弃现代人生活方式的简单的复制和符号化的语言表达，是一种用语法方式的诠释。是提炼精神层面的东西，去除表象，直达内里。并充分考虑当地的自然，传统原生态，旨在唤醒人们深藏的场所记忆和文化认同感。

庭院院落是中国风水上所强调的"藏风聚气"的理念之所在，它表达了中国人性上更为内敛含蓄的品格取向，庭院中运用高差，景墙围和小院落追求的是一方完全属于自己的不被打扰的"小天地"，为邻里间提供了充分交流的场所。

高低不同，长短不一，方向多变，富有韵律的景墙所创造的藏与露的景观效果体现了中国人的内敛含蓄；景墙所围合的外实内虚的空间效果是领域感和私密性的代表。

色彩上以素为基调，局部用红色等暖色加以点缀。主入口以暖色调为主彰显出了入口的大气，烘托了大宅的尊贵。

区位图

- 项目地块
- 电视塔
- 周边商业区域

1. 南主入口
2. 北主入口
3. 入口水景
4. 岗亭
5. 临时销售楼
6. 亲水亭
7. 趣味生活广场
8. 休息平台
9. 特色景墙
10. 景观水池
11. 休息亭
12. 花架
13. 水上林荫
14. 休闲广场
15. 景观廊架
16. 儿童游乐场
17. 老人活动广场
18. 庭荫大树
19. 聚会广场
20. 阳光草坪
21. 停车位
22. 地下车库入口
23. 游泳池
24. 特色廊架
25. 中心活动广场
26. 休闲活动区
27. 树阵广场
28. 漏空景墙
29. 休闲步道
30. 木平台
31. 次入口

现状分析图

总平面图

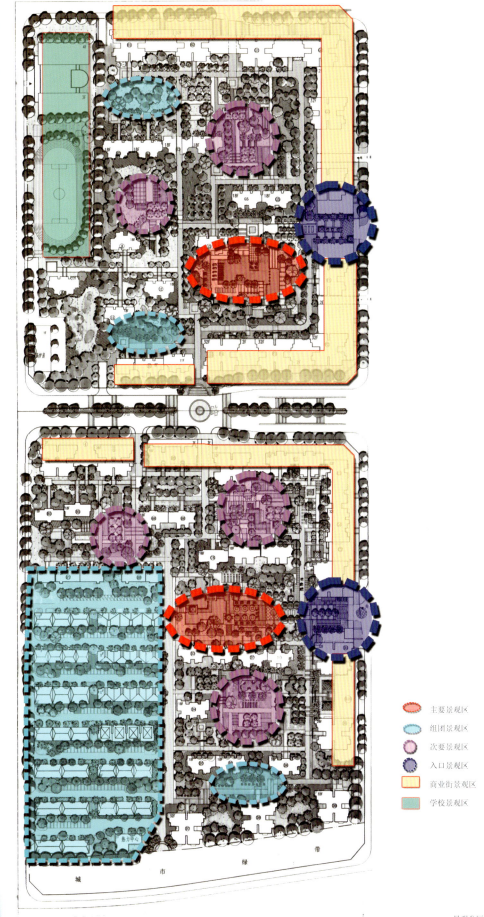

景观分区图

中国景观规划设计系列丛书 住宅
ZhongGuoJingGuanGuiHuaSheJiXiLieCongShu ZhuZhai

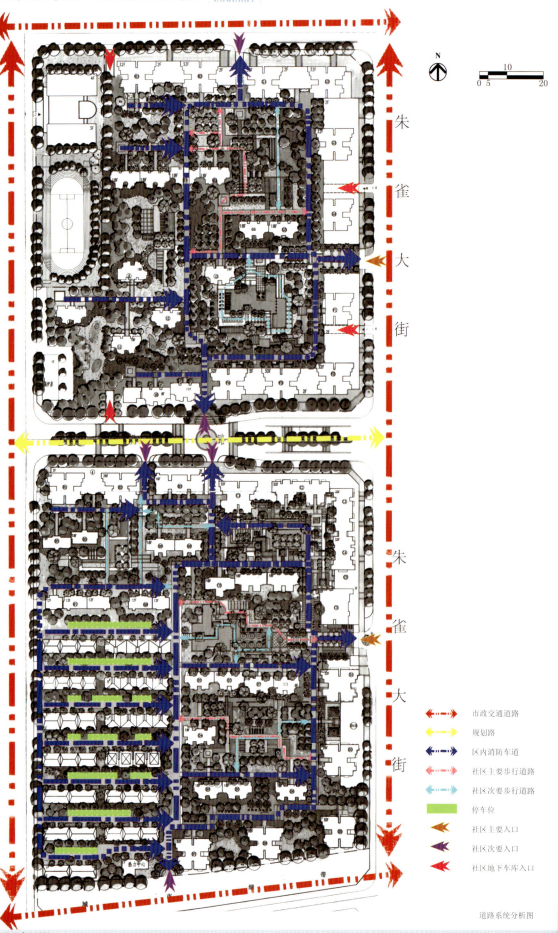
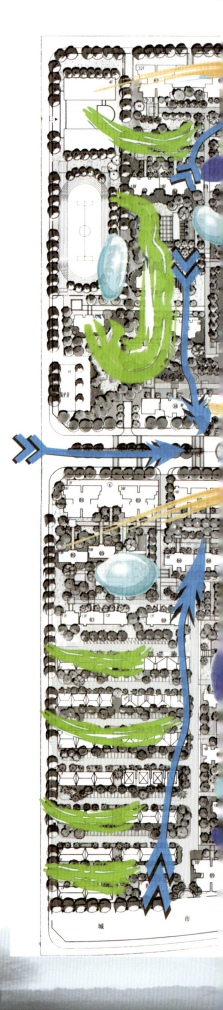

市政交通道路
规划路
区内消防车道
社区主要步行道路
社区次要步行道路
停车位
社区主要入口
社区次要入口
社区地下车库入口

道路系统分析图

绿化分析图

- 商业绿化区域
- 路口景观绿化
- 车行道绿化
- 水岸区域绿化
- 庭院绿化
- 宅间绿化

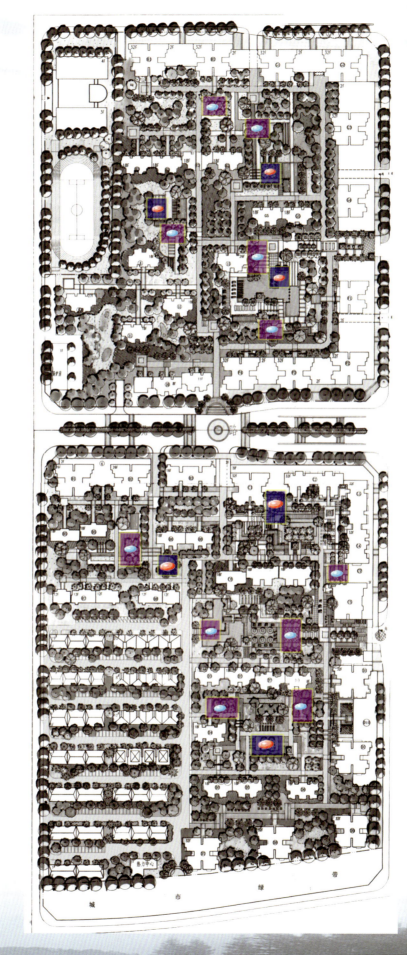

竖向分析图

- 上升式观景台
- 下沉广场

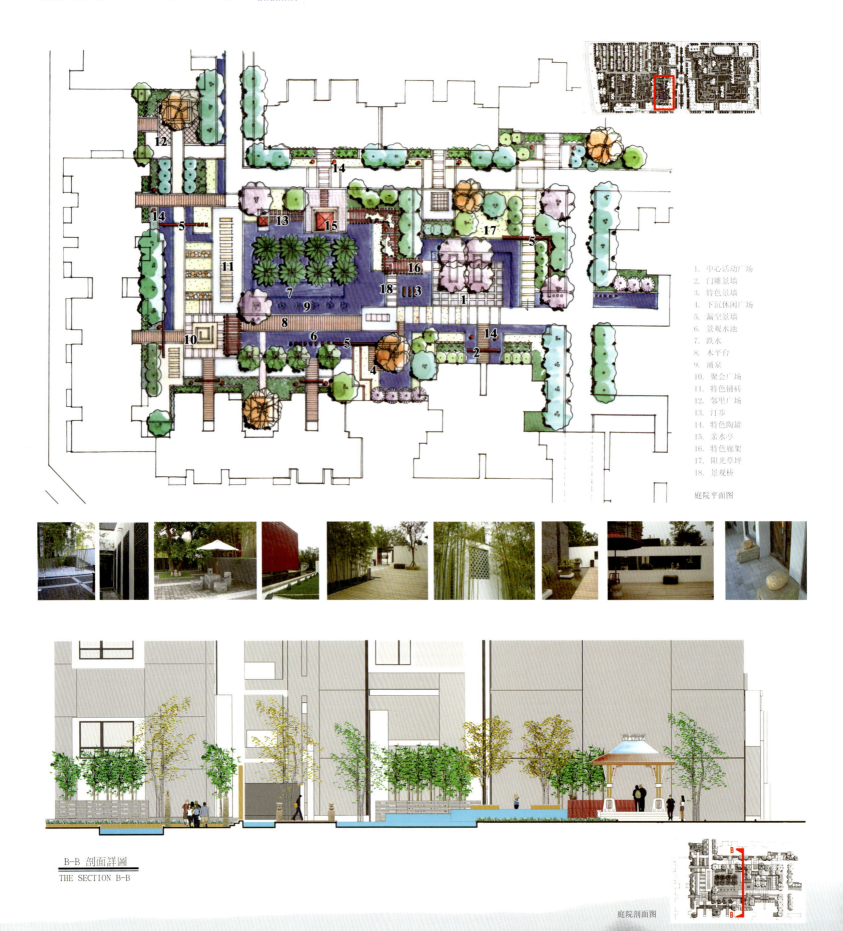

中国景观规划设计系列丛书 住宅
ZhongGuoJingGuanGuiHuaSheJiXiLieCongShu ZhuZhai

庭院入户口效果图

庭院效果图

新郑市丽水华庭

丽水华庭住宅小区位于新郑市区中部，为规模中等的高层居住小区，周边交通便利，紧临新郑市汽车站，基础设施成熟。新郑市历史悠久，文化积淀深厚，市民素质普遍较高。本项目规划总用地面积29,489㎡，建筑密度22.6%，绿地率36%，一期景观规划设计面积6,800㎡。

设计定位：通过对新郑市中高档小区的考察调研，结合小区所处地段和未来升值潜力，我们将其景观定为中等偏高档次。具体通过景观空间界定、概念设施材质及停车休憩场地规划来体现，并结合工程投资，给施工和后续设计留有一定弹性。

设计原则：①功能性原则；②生态性原则；③地域性原则；④人本性原则；⑤经济性原则。

设计理念

根据建筑设计的表现形式和建筑在社区的位置关系，结合整个大环境的各种关系和本地区特有的气候特点、植物生长状况、地方人文特色等，再结合现代人追求健康生态，清新中富于变化的审美要求，让健康生态的主题与现代简约的形式完美结合，营造一个温馨的居住环境。

具体体现景观与建筑协调的统一，环境景观设计能够满足社区的功能需要和住宅环境的高品质追求，倡导一种健康、自然、活力、和谐为一体的社区生活方式。

总平面图

功能分区分析图

交通组织分析图

中国景观规划设计系列丛书 住宅
ZhongGuoJingGuanGuiHuaSheJiXiLieCongShu ZhuZhai

空间视线分析图

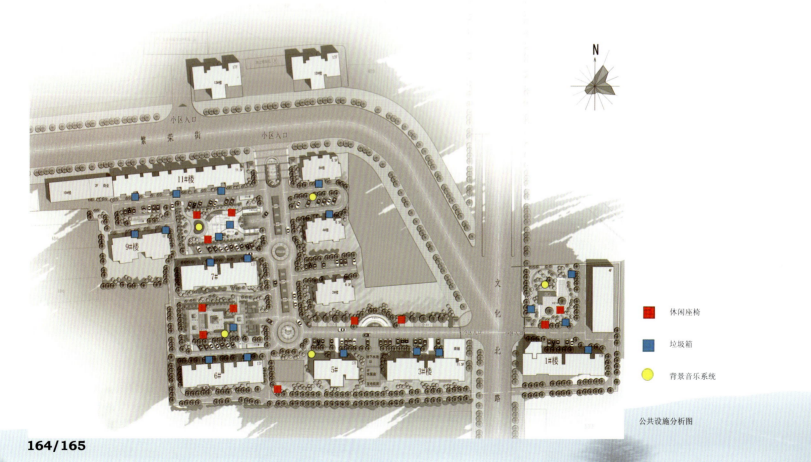

公共设施分析图

鸟瞰图

入口效果图

中国景观规划设计系列丛书 住宅
ZhongGuoJingGuanGuiHuaSheJiXiLieCongShu ZhuZhai

宅间效果图

景观大道透视图

景观大道透视图

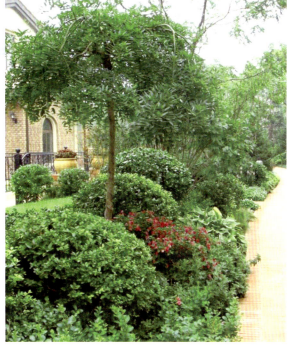

绿化景观示意图

扬州市阳光美第

阳光美第项目位于扬州新城西区，西外环与京华城路交叉口西北位置，临近扬州火车站、体育公园、扬州国际展览中心、京华城全生活广场，靠近城市主干道文昌西路，地块西侧和北侧被沿山河及人工河所环绕，交通便利，环境优美，基础设施及生活配套完备。该项目占地11.2万㎡，容积率1.6，总建筑面积18万㎡。

基于该项目所处优美的自然生态环境和新城西区开放、现代和包容的人文环境，公司将携十余年房地产开发经验和对新人居理念的独到领悟，倾力雕琢一个"生态、科技、健康"主题的实用主义高档住宅区。小区将由带电梯的豪华观景洋房和阔绰小高层组合而成。项目真正实现人车分流，智能配套讲求高科技化。小区景观配合现代建筑风格，讲究观赏性与实用性并举，讲究错落和搭配。户型设计更为人性化、集约化，讲究人与自然的和谐共生。

本项目作为扬州市政府确定的首个"太阳能LED生态示范区"和全省可再生能源建筑应用示范申报项目，我公司将发挥多年来在太阳能综合应用方面的专长，在公共照明系统、太阳能热水系统中充分利用太阳能，在墙体、门窗等诸多方面积极利用更高效能的新技术、新材料、新工艺，在制冷、供暖、厨房垃圾及生活污水处理方面引进更为先进、成熟的技术和设备。

区位图

1. 入口广场
2. 中心广场
3. 下沉平台
4. 特色景墙
5. 景观岛
6. 临水平台
7. 休息平台
8. 喷泉景墙
9. 健身中心
10. 绿荫小道
11. 樱花小道
12. 落水景观墙
13. 次入口小广场

总平面图

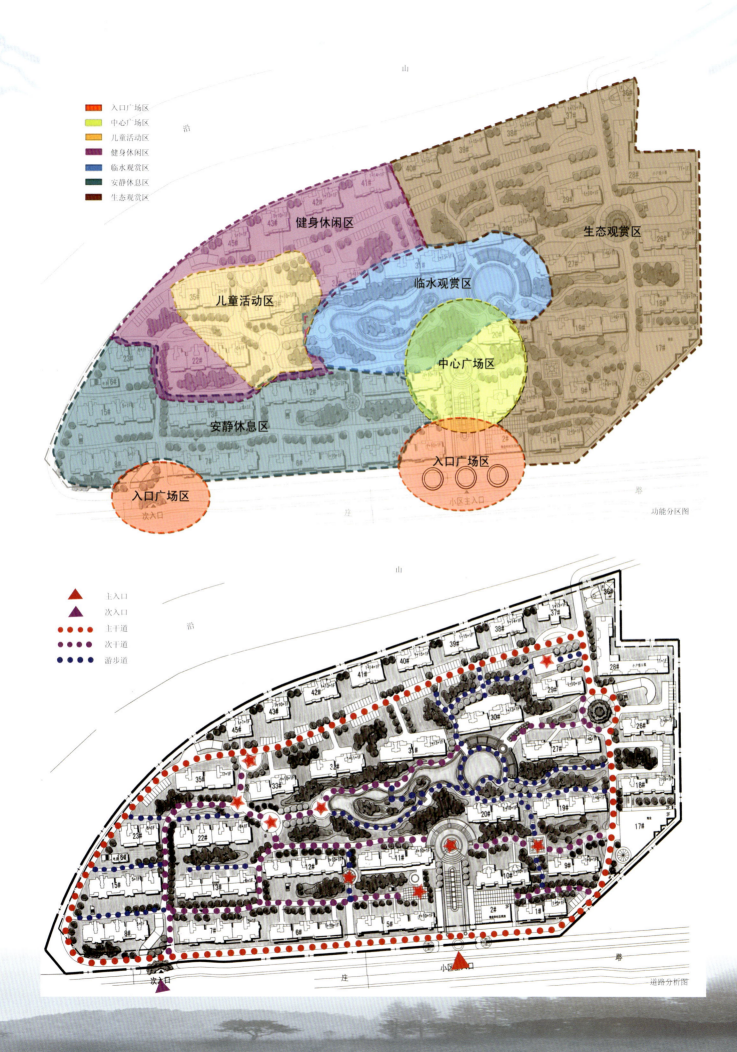

中国景观规划设计系列丛书 住宅
ZhongGuoJingGuanGuiHuaSheJiXiLieCongShu Zhuzhai

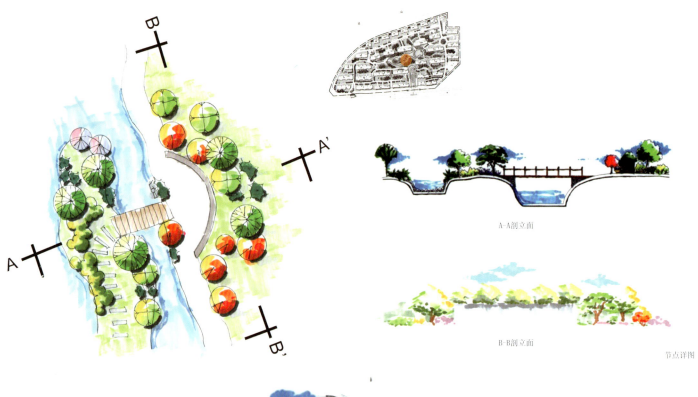

A-A剖立面

B-B剖立面

节点详图

节点效果图

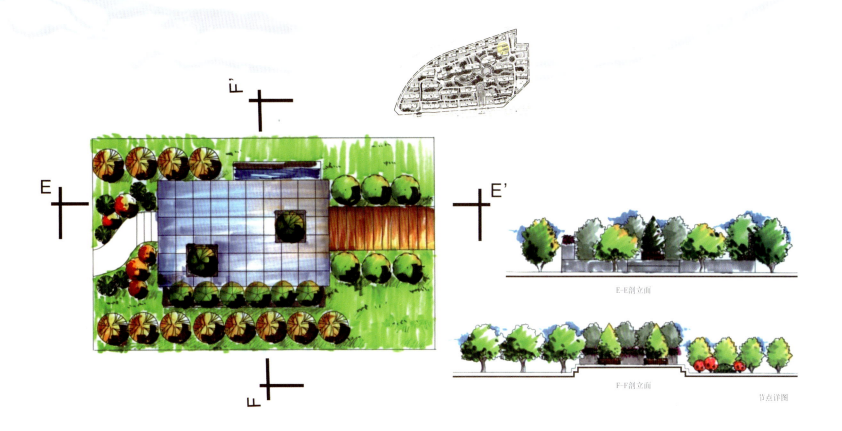

E-E剖立面

F-F剖立面

节点详图

节点效果图

中国景观规划设计系列丛书 住宅
ZhongGuoJingGuanGuiHuaSheJiXiLieCongShu ZhuZhai

小品效果图1

小品效果图2

景观效果图

植物效果图

景石效果图

儿童游乐场效果图

郑州市鑫苑·逸品香山

鑫苑逸品香山是由郑州建投鑫苑置业有限公司开发的大型复合型社区，位于花园路与英才街交会处西800m，占地约14万㎡，总建筑面积约30万㎡。鑫苑逸品香山一期项目占地57,289㎡，建筑面积112,895㎡，1.6的容积率，35%的绿化率，总户数为891户，543个停车位。

本案在景点设置上采用串珠模式，用主要的景观道路将各个景点贯穿。主要景点按照南北向的景观主轴线依次排列。次要景观点主要按照东西向的次要景观轴线分布，充分考虑景观空间分布的均好性，同时与建筑相呼应，形成整体协调的人居环境。

公共绿化空间四季有景，随着季节的更替所呈现出异样的景观形态；宅间绿化以常绿阔叶类植物、造型灌木为主；滨水环境植物主要体现生态和原生；外围绿化上层以冠大叶密的乔木为主，中层以造型灌木和绿篱为主，起到良好的围合与降噪效果。

1. 上入口水景喷泉
2. 入口木栈道
3. 上入口岗亭
4. 微地形
5. 亲水广场
6. 亲水木平台
7. 景观跌水
8. 微地形草坡
9. 观跌水
10. 特色景观亭
11. 抬高休闲平台
12. 静态水景
13. 修剪灌木
14. 地下车库人行出入口
15. 立体花坛
16. 停车位
17. 地下车库出入口
18. 水景喷泉
19. 集散广场
20. 特色廊架
21. 儿童乐园
22. 自行车棚
23. 立体花坛
24. 特色廊架
25. 特色树阵
26. 条石景观
27. 树阵广场
28. 微地形草坡
29. 地下车库人行出入口
30. 特色花坛
31. 喷水景墙
32. 北入口岗亭
33. 地下车库出入口
34. 修剪灌木
35. 入口喷水雕塑
36. 亲水汀步
37. 北入口形象墙

总平面图

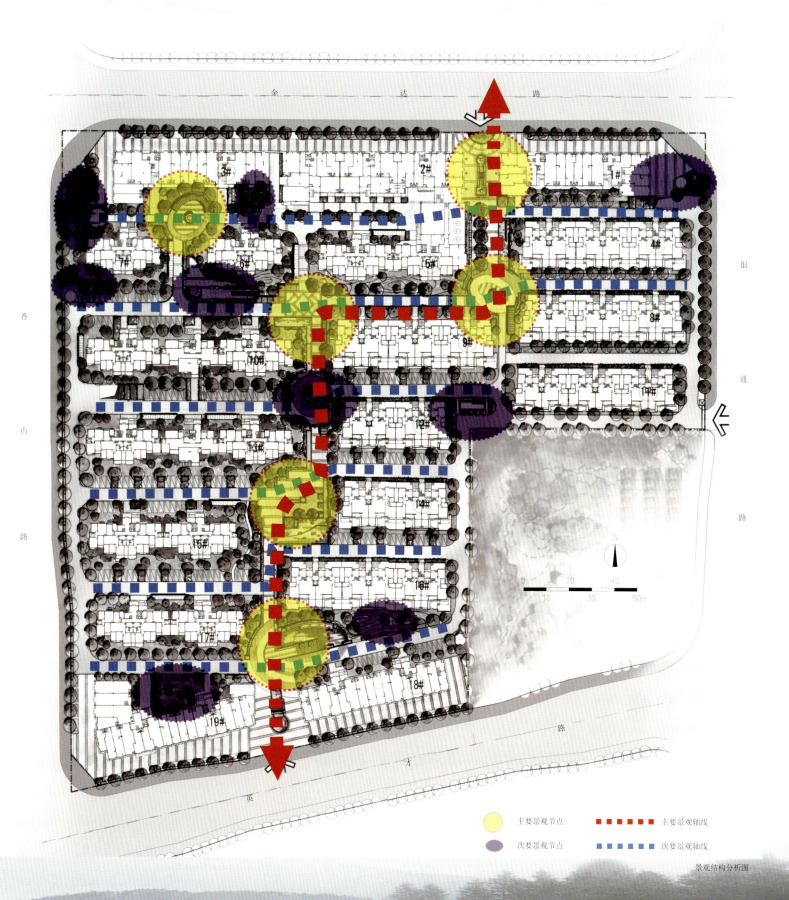

景观结构分析图

中国景观规划设计系列丛书 住宅

绿化分析图

材料总结图

中国景观规划设计系列丛书 住宅

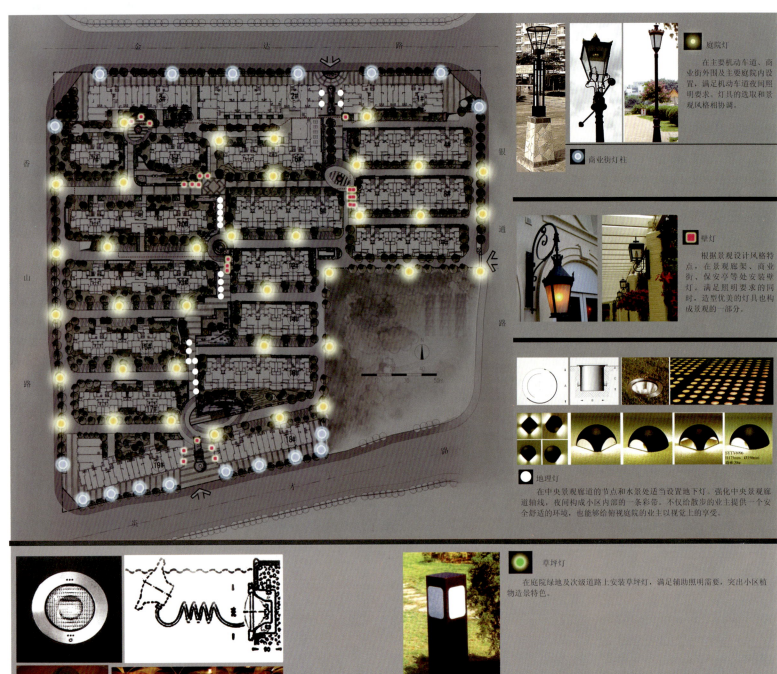

庭院灯
在主要机动车道、商业街外围及主要庭院内设置，满足机动车道夜间照明要求。灯具的选取和景观风格相协调。

● 商业街灯柱

壁灯
根据景观设计风格特点，在景观廊架、商业街、保安亭等处安装壁灯。满足照明要求的同时，造型优美的灯具也构成景观的一部分。

地埋灯
在中央景观廊道的节点和水景处适当设置地下灯。强化中央景观廊道轴线，夜间构成小区内部的一条彩带。不仅给散步的业主提供一个安全舒适的环境，也能够给俯视庭院的业主以视觉上的享受。

草坪灯
在庭院绿地及次级道路上安装草坪灯，满足辅助照明需要，突出小区植物造景特色。

● 水下灯
在设置有喷泉、跌水、等景观的水体中，安装水下彩灯形成彩色的水柱和水幕，增加夜晚水体景观效果。

LED灯带
主要安装于商业街立面，强化商业气氛，灯具本身的特性柔软，可以根据需要塑造不同的造型。

灯具造型与布置图

分区索引平面图

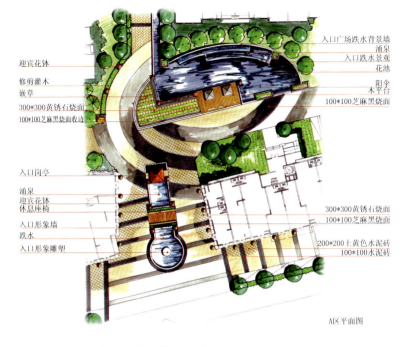

A区平面图

B区平面图

C区平面图

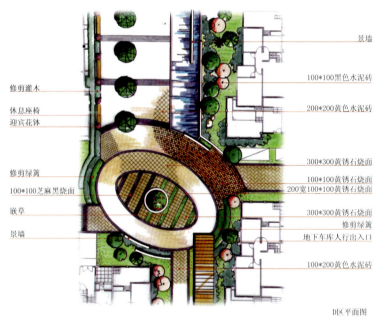

D区平面图

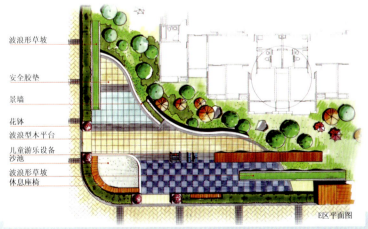

E区平面图

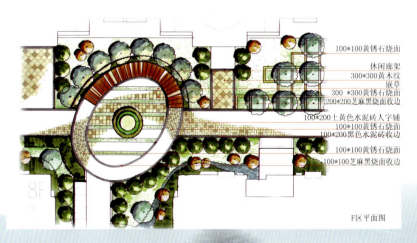

F区平面图

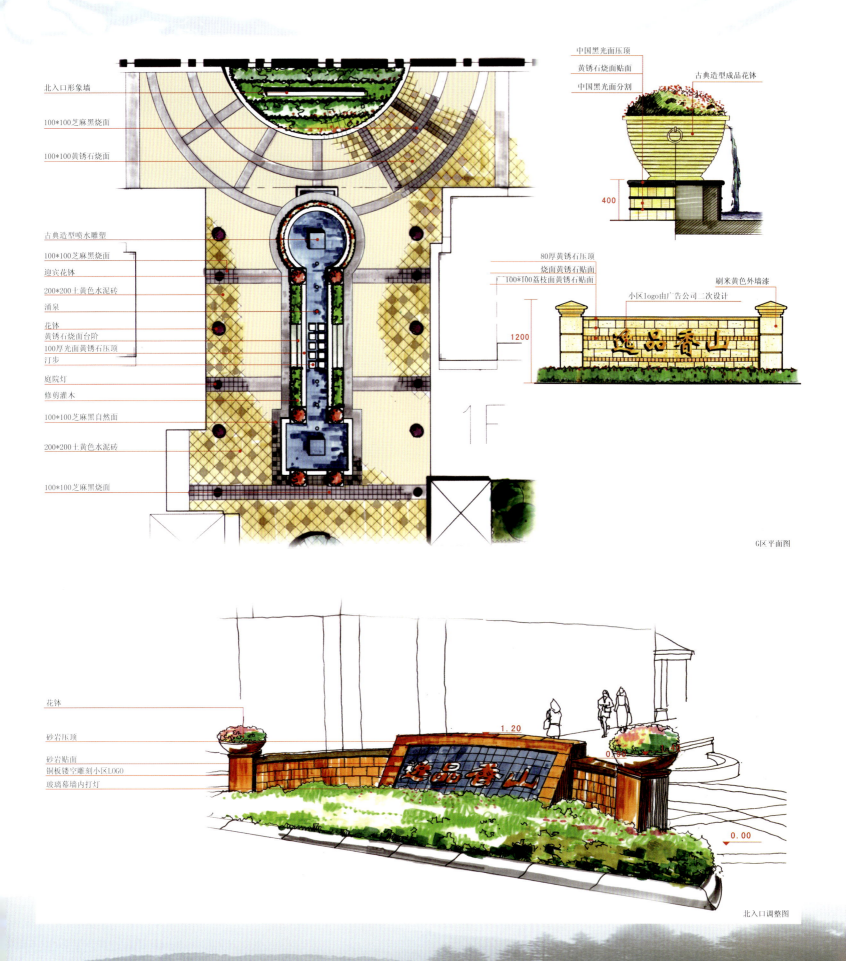

中国景观规划设计系列丛书 住宅
ZhongGuoJingGuanGuiHuaSheJiXiLieCongShu ZhuZhai

A区效果图一

B区效果图

A区效果图二

D区效果图

F区效果图

C区效果图

E区效果图

中国景观规划设计系列丛书 住宅

A区剖面图

B区剖面图

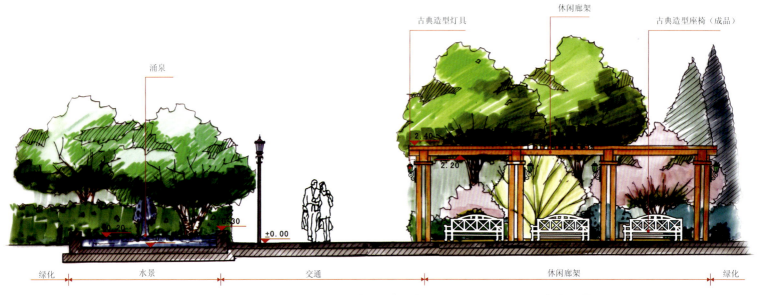

C区剖面图一

C区剖面图

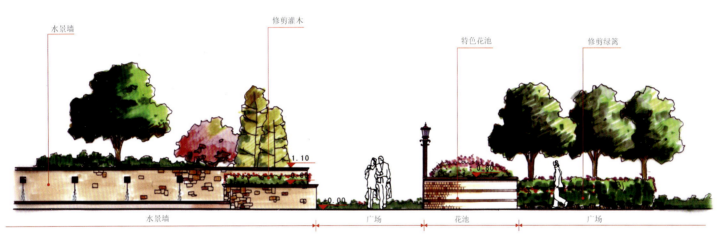

D区剖面图

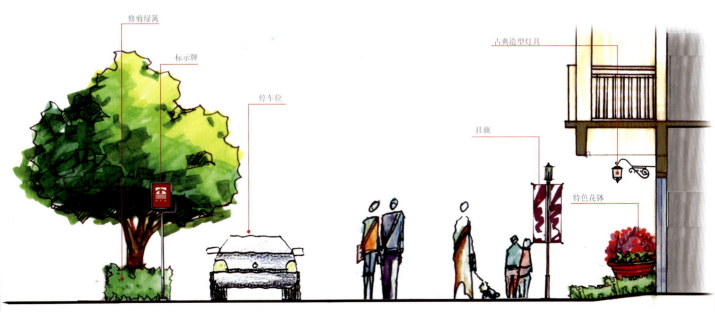

E区剖面图

郑州市康桥国际

规划设计项目位于郑州东北的金水区，金水区是河南省委、省政府所在地，是河南政治、经济、文化、金融、信息的中心地区。项目地块位于东风路与丰庆路交叉处，东临科技市场，南接郑州经院，北倚北环路大动脉，西面紧邻中州绿荫广场，基地周边东风路、文化路、农业路、南阳路等主要交通干道呈"蜘蛛网式"布局的道路体系，十余条交通路线可达全市各处，交通路网顺畅。随着农业路、东风路向东贯通，地块区域与郑东新区板块的联系也更加密切。

康桥国际，她是一个传奇，一种高度，她代表了一种生活的标准。她表现一种全新的生活态度：恬淡、优雅、从容、宁静；她见证了纯住宅居住理念历史的结束；她弘扬了一种实现自我，追求理想的精神；她代表了一种高贵的情调，一个全新的态度，一种独特的价值，她诗情画意地注解着我们的生活理想。

结合现状城市道路的基本条件，顺应基地现状，引入聚落交通意向。以环型道路网为骨架，营造步移景异的动态景观。以指状渗透绿脉及蜿蜒绿色走廊渗透贯穿整个居住区，将步行绿色景观轴线与具有不同用地特点、使用功能和建筑形态的居住组群，通过各自相对集中的布局形式以及通过绿化环境、交通流线来营造特色居住空间，以形成错落有致、收放有序、形式多样的三维构图和丰富的空间景观效果。这种空间布局形式的主要重点是打破了以往居住组团的处理手法，通过流动的空间组织，将不同形态的开敞空间结合起来，使每一个居住单元融入整体景观结构之中，赋予每一个居住组合单元不同的空间特点和良好的空间视觉景观，增强归属感和可识别性，以打造高档物业形象。在保证总体开发规模和绿地容量的基础上，尽可能地为每一个住户争取一个特色的环境，并为老人、儿童以及不同使用者提供多样化的活动空间和交往的机会，创造出安全、舒适、宜人的人居环境。

结合城市规划与都市设计，利用基地自然条件，化弊为利，合理布局，在为城市绿地提供一个环境优美的渗透空间的同时，进一步丰富该地区的空间布局和特征形态。

中国景观规划设计系列丛书 住宅
ZhongGuoJingGuanGuiHuaSheJiXiLieCongShu ZhuZhai

总体鸟瞰图

夜景效果图

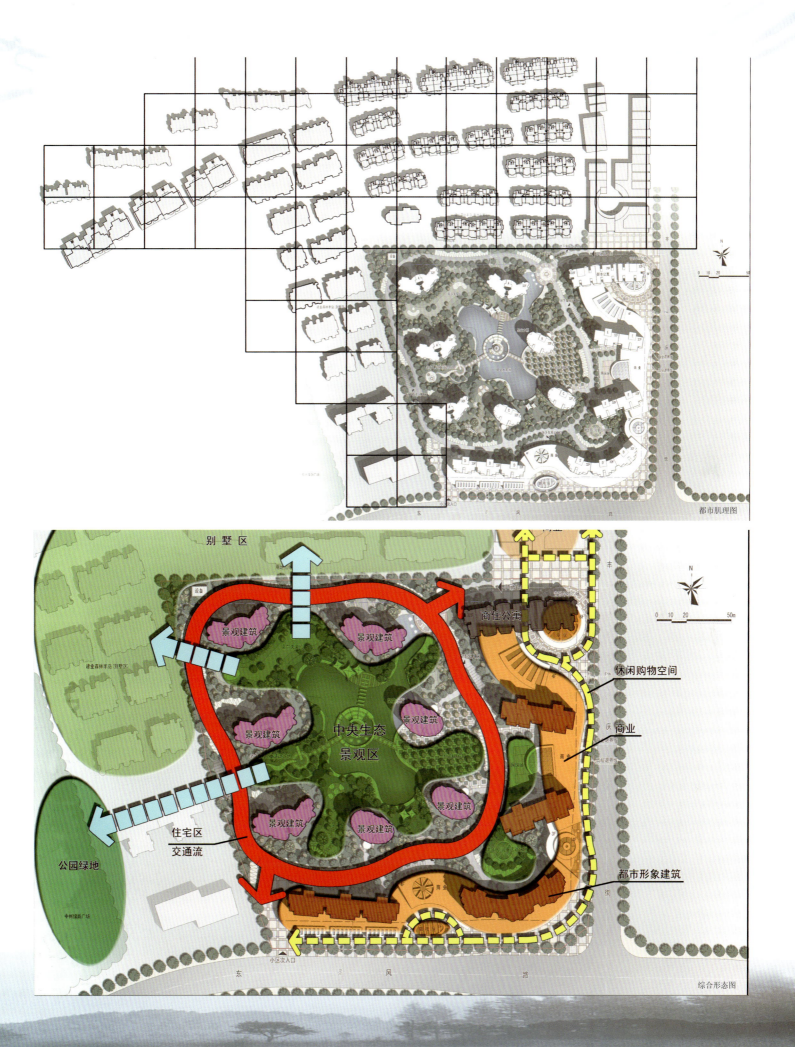

中国景观规划设计系列丛书 住宅
ZhongGuoJingGuanGuiHuaSheJiXiLieCongShu ZhuZhai

绿化景观图

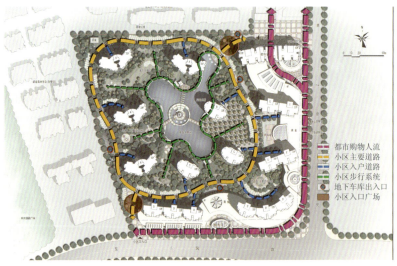

道路交通图

周边空间图

日照分析图　　　　　　　　　　　　　　分期建设图

景观分布图

1. 音乐旱喷广场
2. 景观入口广场
3. 主题商业广场
4. 休闲商业内街
5. 欧式风情步道
6. 中央水景广场
7. 弧形静心花坛
8. 木架休闲廊
9. 都市红枫林
10. 丘陵观景台
11. 高尔夫果岭
12. 水杉丽影
13. 运动休闲区
14. 常青藤小径
15. 百草园
16. 彩茵铺霞

景观示意图

中山市南江路小区

规划区位于中山市市区中心，属中山市石岐区博爱社区居委会行政管辖范围。

规划区南面紧靠城市干道博爱路，另有悦来路从规划区以南穿越，交通十分便利。

规划区现状配套设施齐全，城市基础设施与商业配套均较为完善，地块开发前景良好。

现状图

总平面图

总体鸟瞰图

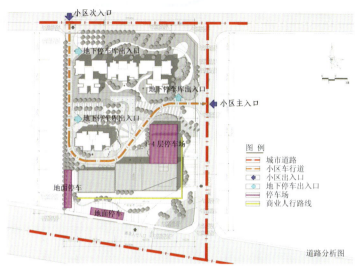

道路分析图

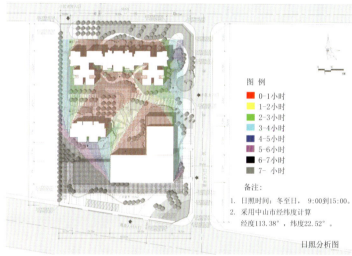

备注：
1. 日照时间：冬至日，9:00到15:00。
2. 采用中山市经纬度计算
经度113.38°，纬度22.52°。

日照分析图

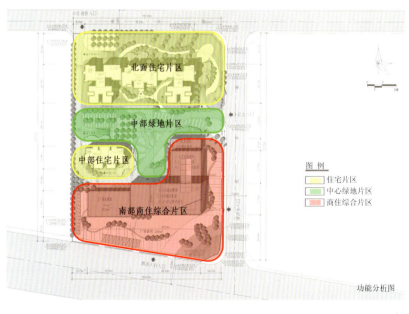

功能分析图

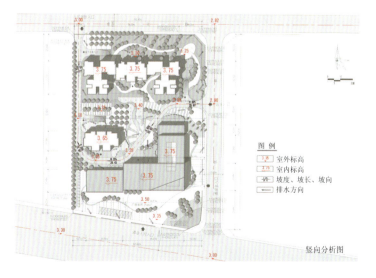

竖向分析图

中国景观规划设计系列丛书 住宅
ZhongGuoJingGuanGuiHuaSheJiXiLieCongShu ZhuZhai

消防分析图

给水排水工程管线图

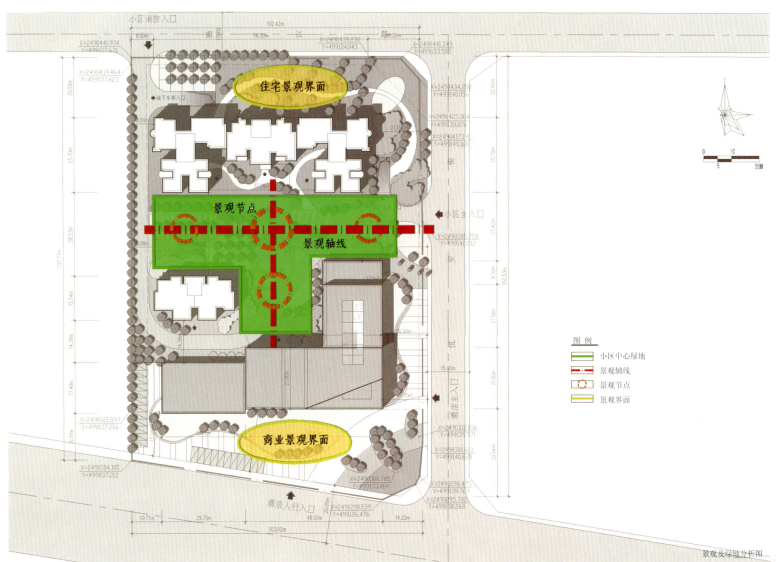

景观及绿地分析图

环境意向图

增加邻里的交流，优化居住质量，倡导交流互动与自然生态的"乐活族"生活理念。

小品意向图　　引用江南私家园林的做法——处处是景，步移景异，从细微处提升环境品质。

停车场意向图　　整体考虑停车位置的处理，将静态停车作为景观的一种元素加以设计，成为优质环境的一部分。

中山市神州湾畔

神州湾畔位于神湾镇规划新中心区，紧邻新镇政府及中心小学，北靠天然宽阔水道。项目总规划用地面积36645m²，总建筑面积116800m²，由20幢小高层和8幢多层洋房组成，是神湾首个大型房地产综合项目。

首先"神州湾畔"的理念将成为中山住宅生活的一个典范，其设计是建立在西班牙传统风格概念的基础之上。此项目从很大程度上再创和延展了住宅的趣味性。形式简单，但层次和空间非常丰富，从花园水景到庭院铺装运用了大量的石材、木材，配以高大的植物，并点缀具有异域风情的雕塑小品，丰富的细节和生动的自然情趣共同组成了一个别样的世界、别样的家园……

纵穿南北的中心花园景观是整个小区的精髓所在。波光闪烁的水面，映衬出岸边茂密丛生的风情小树木，伴随着缓缓的流水，四处流淌着西班牙风情。石材拱门、红陶土筒瓦、青石路、阳光庭院无一不向人们传达着西班牙生活的情调。水与岸的交界是红花铺就的小径，在不知不觉中踏上挑出水面的木平台，加入那欢歌的人群，倒影在喷泉的浪花里慢慢散去，却已清晰留下人们欢乐的身影，在那透过树枝叶片撒下的斑驳光影中荡漾而去……或是随意地躺在草坪上，让大自然的新鲜空气和慵懒的阳光洗去你一身的疲劳，或是带一本书在花架下坐上一整天……

其东西两侧的组团花园强调了住宅间的私密性，冬季捕捉阳光，夏日遮荫纳凉，为邻里间的生活创造了特有的小气候。

1. 主入口
2. 次入口
3. 入口水景
4. 岗亭
5. 景观水池
6. 跌水池
7. 景墙
8. 特色小品
9. 中心广场
10. 儿童戏水池
11. 假山
12. 疏林草地
13. 活动广场
14. 草台
15. 阳光草坪
16. 儿童活动区
17. 老人活动区
18. 休闲广场
19. 具代表性雕塑
20. 地下车库出入口
21. 邻里交谊广场
22. 休闲林荫树阵
23. 花架
24. 停车位
25. 商业街
26. 阳光步道
27. 景观亭
28. 特色景观柱
29. 林荫大道

总平面图

中国景观规划设计系列丛书 住宅
ZhongGuoJingGuanGuiHuaSheJiXiLieCongShu ZhuZhai

景观系统分析图

- 消防通道
- 人行及车行道出入口
- 地下车库出入口
- 主要道路节点
- 南北景观轴线
- 中心景区
- 主入口景区
- 次入口景区
- 组团景区

中心景区纵剖面分析图剖面A-A

1. 主题广场
2. 主题景墙
3. 跌水
4. 台阶
5. 树池
6. 涌泉
7. 特色小品柱
8. 特色树种
9. 休闲活动区
10. 小花园
11. 绿篱
12. 特色铺装
13. 花池
14. 假山
15. 花架
16. 汀步
17. 木平台
18. 景观亭
19. 吐水雕塑
20. 风情景观柱
21. 阳光草坪
22. 草台
23. 儿童活动设施
24. 棋牌桌
25. 活动广场

中心景区平面图

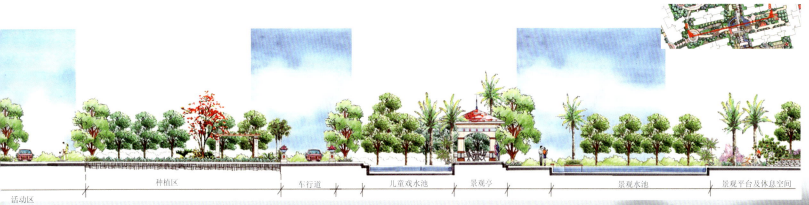

中心景区横剖面分析图—剖面B-B

中国景观规划设计系列丛书 住宅

主入口立面图A

入口透视图

地下车库顶盖分析图

立面图C

中心水景透视图

跌水透视图

剖面图D

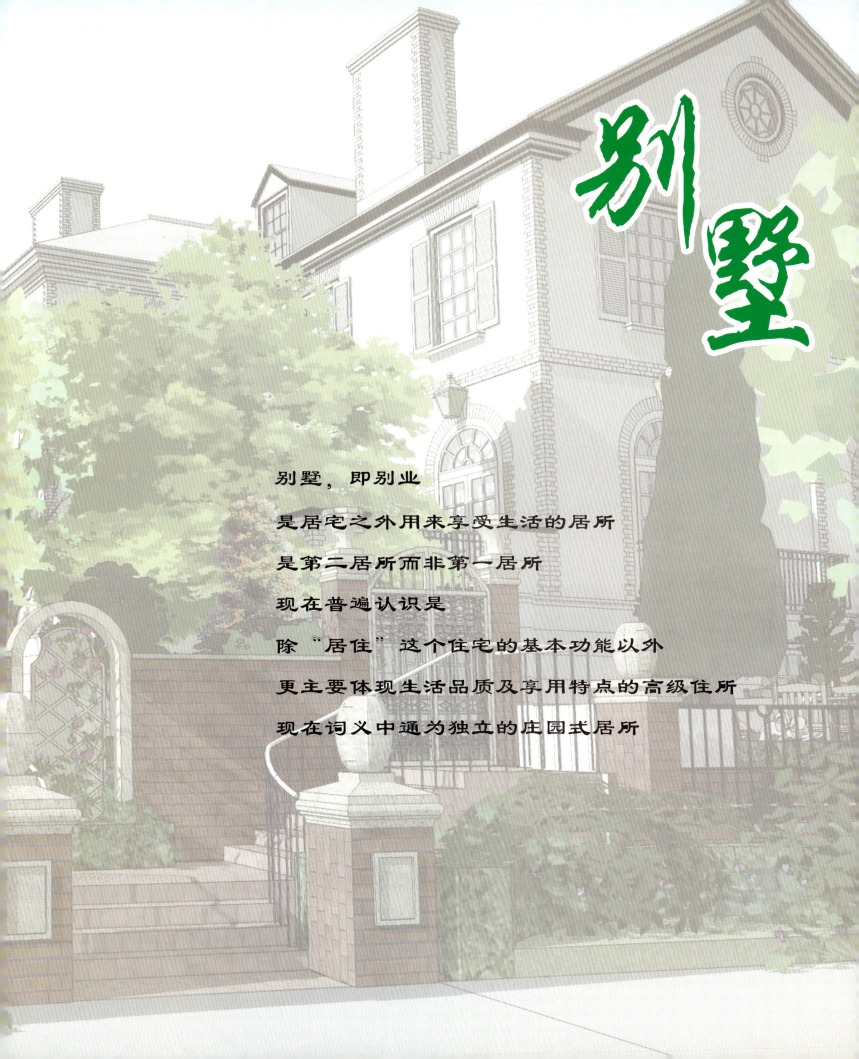

别墅

别墅，即别业
是居宅之外用来享受生活的居所
是第二居所而非第一居所
现在普遍认识是
除"居住"这个住宅的基本功能以外
更主要体现生活品质及享用特点的高级住所
现在词义中通为独立的庄园式居所

大连市南山1910别墅

"南山1910"位于大连市中山区南山七七街与南山路之间，南邻已开发完成的高档别墅区与顶级餐饮娱乐商业街，北邻市内最大的明泽湖（公园），东邻海军广场（市委所在地），西享繁华的延安路商业街（市政协所在地）；周边植物园、三八广场商业中心、中山广场、大连外国语学院等城市资源近在咫尺。

"南山1910"是由共同地产控股下属的大连华城天宇房地产开发有限公司倾力打造的大连城市中央的高端别墅项目。共同地产自成立初始，便倡导精致的设计和独特的品位，致力于向社会推荐高端住宅产品的生活方式，丰富城市居住体验。公司的主要操作团队均为大连最早从事房地产开发的专业人士，具有十多年以上的丰富从业经验，曾经参与多个经典高端楼盘的开发。

"南山1910"首期仅67件艺术品，是对塑造我们心灵的城市和历史的礼赞，由美国建筑院士约翰·米勒及其领导的设计事务所担纲主创设计。正如它的名字所传递的意境，"南山1910"在普遍意义上的居住功能之外，将大连城市的审美、情感记忆作为价值标准，以百年传统的欧洲建筑在美国发展和演变后形成的豪华舒适的别墅为参照，营造极具格调与品位的个性化家庭生活。"南山1910"的社区规划、建筑立面、庭院景观、居家空间等设计思想、质地用材、配置标准、精神气质无不代表了这座城市的最高标准和最美好的情感归属。"南山1910"在家的豪华舒适之外重新审视并提炼相融于我们性格和情感中的精神向往。这正是它不为常识所左右的，独具价值的地方。

图例：
1. 人行通道
2. 特色标志墙
3. 车行入口大门
4. 住宅人行大门
5. 车库入口大门
6. 周界围墙
7. 车行路
8. 现有大树
9. 特色水景
10. 户外休闲区
11. 壁炉及烧烤区
12. 汀步
13. 特色花钵
14. 特色瓮
15. 空调井
16. 草坪
17. 楼梯/台阶
18. 阶梯式种植池
19. 木甲板

景观概念平面图

图 例

FL 完成面标高
▼ 标高参照点

景观概念标高图

图 例

点景特色灌木
园景基调灌木
地被
草坪

灌木及地被种植平面图

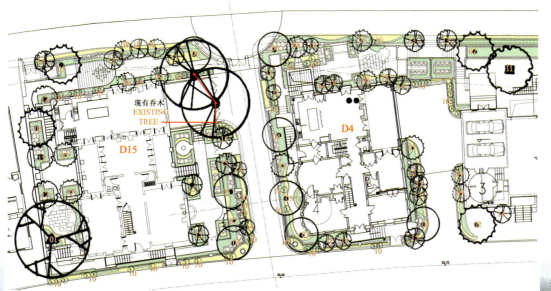

图 例

点景特色乔木
常绿乔木
落叶/秋色叶乔木
开花乔木
常绿小乔木
多分枝/小乔木

乔木种植平面图

中国景观规划设计系列丛书 住宅
ZhongGuoJingGuanGuiHuaSheJiXiLieCongShu ZhuZhai

别墅正面模型鸟瞰图

别墅背面模型鸟瞰图

别墅主入口模型图

别墅庭院模型图1

别墅庭院模型图2

别墅庭院模型图3

别墅次入口模型图

别墅效果图

别墅效果图

剖面图A

剖面图B

概念种植剖面图

立面图带树

立面图不带树

景观概念立面图

庭院剖面图01

庭院剖面图02

中国景观规划设计系列丛书 住宅

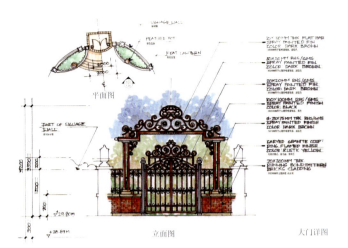
大门详图

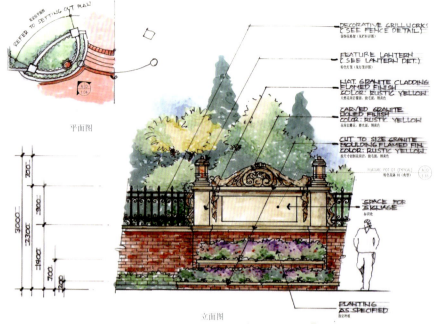
特色标识墙详图（典型）

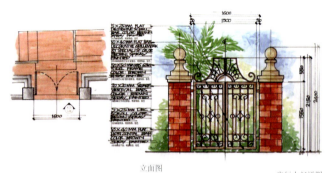
步行大门详图

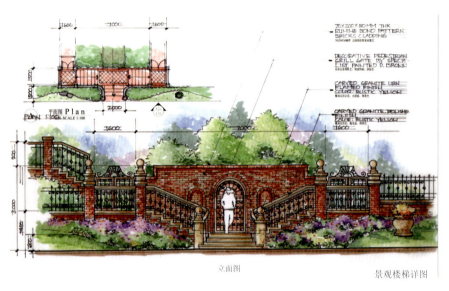
景观楼梯详图

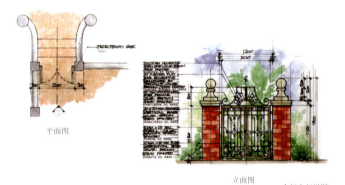
人行大门详图

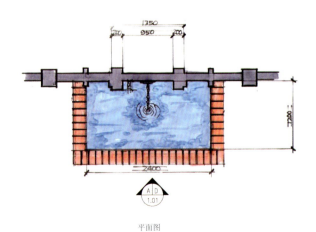

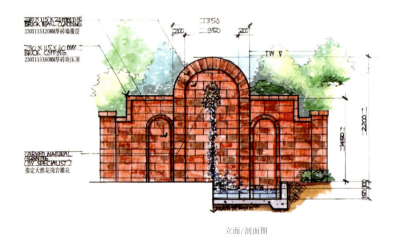
特色水景详图

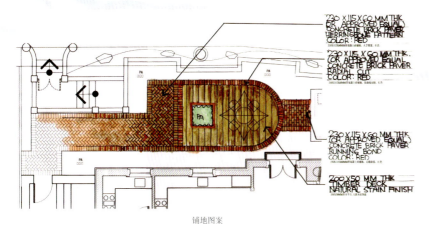

铺地图案

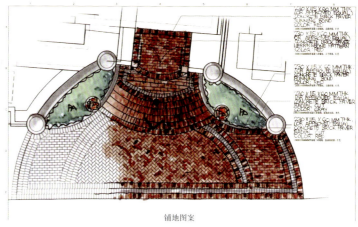

铺地图案

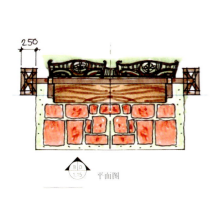

平面图

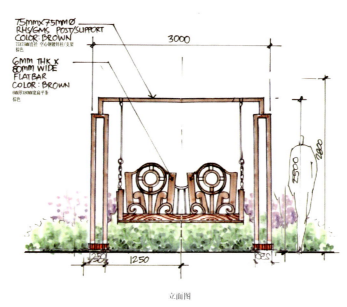

立面图

示意图

秋千详图

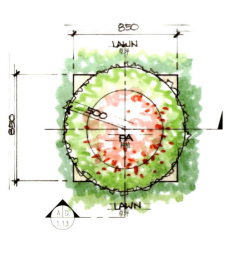

平面图

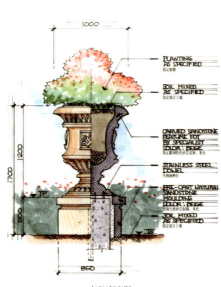

立面/剖面图

特色花钵详图

丹东市金都·富春山居

本案住区地处丹东市城东振安区，东平大街以北的区块。在本案对面400m远处辽东国际建材、汽车城一期在建，西北面燕窝山公园规划中，北面临江一号干线修造绿化带。

同时区域内山体绵延，层峦叠嶂、呈缓缓而上之势，是非常适合建造别墅的地势环境。周边植被丰茂，大片的桃树林、栗树林、白桦林等植物群均被保留，乔、灌木等品种丰富，可就地取材。山上有四季不断的清泉涌出，清甜滋润，不断汇积成涓涓溪流。整个地块环境清幽，背山望江，极具江南自然山水的景观特质，倚着这么得天独厚的自然景观，并于山体之上可俯瞰鸭绿江，堪称世外桃源。

设计理念：山水画轴、诗情画意

1. 视觉：近看水景，远观山色。湖光掠影、树影浮动；春夏秋冬、朝暮白昼、风霜雨雪。山水表现出了不同的面貌。

2. 听觉：听山涧流水潺潺，和微风诉细语；空谷百鸟鸣，浅水游鱼欢。

3. 嗅觉：闻四季芳菲香。汲取青山绿水的新鲜空气，神清气爽。

"山之高，水之深；山之广，水之渺"，蕴涵了天体宇宙的无限奥妙。山水质有而趣灵；人在此中游，自得其乐，感受诗情画意，妙不可言。

设计原则：生态、空间、人文

生态设计：依山就势，利用原有地貌引水成溪，筑土为丘，还原自然天成的山水风光。保留基地的大乔木等植物群，在此，僻径通幽，高处设平台亭阁，供游憩观景。涓涓细流汇成湖，湖上造小岛、半岛；岛上种植绿化；岸边置黄石、卵石、植栽，铺路设平台、亭廊，丰富水岸景观。运用枯山水的手法本地取材，采用乡土品种，注重环境的可持续发展。

空间设计：开敞空间、围合空间、亲水空间、再创造空间

人文设计：天人合一，"仁者乐山，智者乐水"，突出人与自然的对话，在山水中寄情抒意。

清音溪
半月台
飞鸿落涧
亲水亭台
揽胜亭
起雁桥
云中漫步
浅草伴水
轻覆绿水
烟波兰亭
木桥曲径
掬水亭
儿童游戏池

冬行之韵
叠水广场
文化景墙
老年养生园

总平面图

中国景观规划设计系列丛书 住宅

竖向设计图

交通分析图

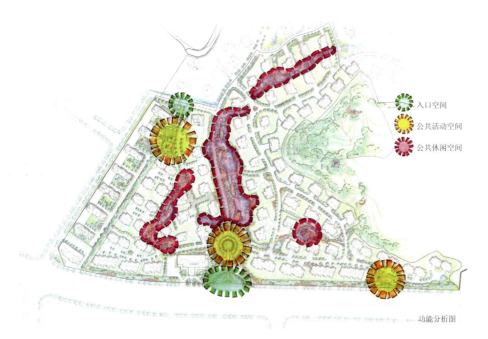

功能分析图

景观分析图

亲水广场
移动式花坛
儿童戏水池
叠水小品
小区平面指示
入口大门
文化景墙
临时停车
入口铭石

主入口平面图

主入口效果图

银川市天源别墅——维多利亚庄园

景观设计主题——拥抱英伦风情，让景观改变您的生活。

高地名园尊享悠然。我们将英国景观元素贯穿于维多利亚庄园的每一个角落，台地园、水园，局部对称的布局、阳光草坪、风景林、石桥、带圆顶的亭子、大钟、布满茜草和野花的乡村田园……这一切都让您感受到浓浓的英伦风情，人们似乎正置身于欧洲大陆英伦三岛之上。每走一步，都带给人们截然不同的感受，既是静谧，也是热闹，更是优雅，交织出一股令人迷醉的魔力，令人忍不住想要好好待在这里尽情地享受她美好的一切。她有着乡村的优美景致、慵懒步调又不会和潮流脱节，这是属于维多利亚庄园所独享的气质。典雅、华贵，却又含蓄、矜持，不用怀疑，这就是您独享的贵族气质。蓝蓝的天、绿绿的草，亲切的阳光，这仿佛是童话中的世界，让您沉醉在古昔朦胧的壮丽之中。推开窗子，顿时拥有天人合一的感觉，快乐原来可以如此简单。

景观设计时追求场所精神的一气呵成，将大地元素、水元素、石元素、植物元素、色彩元素、文化元素等充分地进行考虑，使其互为融合，景观顿时充满了动感和生机。充分调动人的视觉、嗅觉、听觉、味觉和触觉器官，充满意味的小景穿插在自然中。

总平面图

道路系统分析图

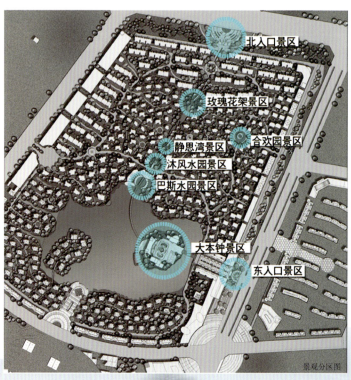
景观分区图

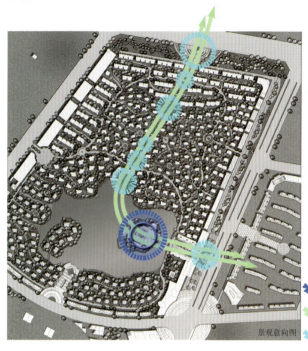

景观意向图

一心……视觉中心
二脉……视线脉络
七点……景观节点

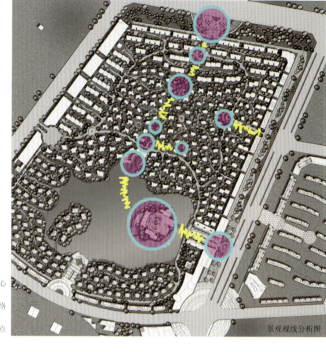

景观视线分析图

游人视线
景观结点

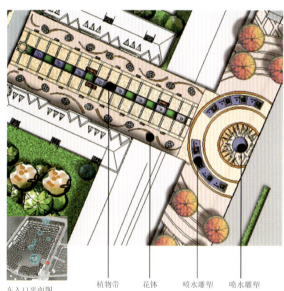

东入口平面图

植物带　花钵　喷水雕塑　喷水雕塑

东入口效果图

北入口平面图

门房间　花带　道路

北入口效果图

中国景观规划设计系列丛书 住宅
ZhongGuoJingGuanGuiHuaSheJiXiLieCongShu ZhuZhai

大本钟平面图

景观桥　水池　钟楼　景观桥

大本钟效果图

巴斯水园平面图

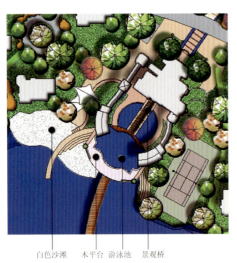
白色沙滩　木平台　游泳池　景观桥

巴斯水园效果图

沐风水园平面图

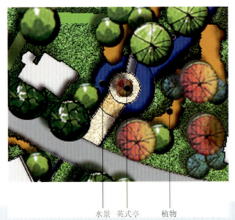
水景　英式亭　植物

沐风水园效果图

玫瑰花架平面图

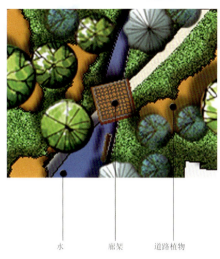

水　　廊架　　道路植物

玫瑰花架效果图

合观园平面图

道路　花带　景点树

合观园效果图

绿野仙踪效果图

阳光园效果图

上海市汤臣三八河别墅区

本项目位于上海浦东罗山路东侧，龙东大道北侧，东临三八河，景观面积约为18.5万㎡。

设计理念及原则
1. 尊重自然，以生态原则为指导来构建绿地系统，以当地材料、植物为主，适当引入新的优良品种。乔、灌、草本和藤本植物因地制宜，相互协调，力求营造一个人与环境和谐共生，良性互动的生态环境。

2. 与建筑风格、建筑空间相协调的，尊重建筑的设计理念。

3. 在开发商开发理念、策划思想指引下，尊重开发理念，以其理念为基础，学习、提升、完善。

4. 以人为本，一切为小区业主服务，从人的休憩、观景、交往等功能性需求出发营造现代化人性景观环境。

风格定位
与社区建筑风格相一致，将自然生态要素与建筑空间有机结合，使二者相得益彰，从而塑造汤臣大气、时尚、和谐的景观形象，为居民提供优美宁静的绿色居住环境。

总平面图

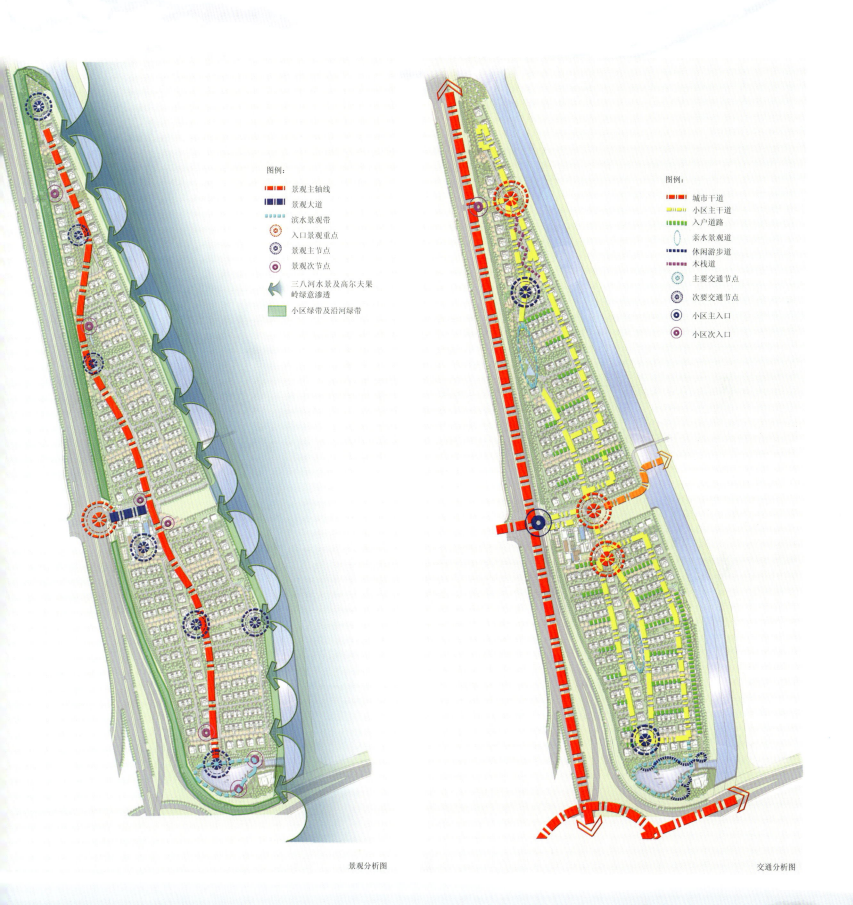

景观分析图　　交通分析图

中国景观规划设计系列丛书 住宅
ZhongGuoJingGuanGuiHuaSheJiXiLieCongShu ZhuZhai

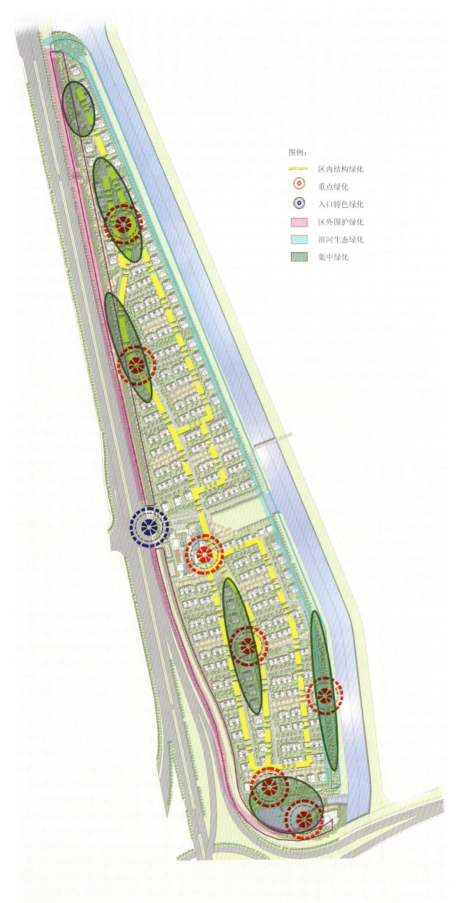

图例：
- 区内结构绿化
- 重点绿化
- 入口特色绿化
- 区外围护绿化
- 滨河生态绿化
- 集中绿化

绿化分析图

入口区平面及意向图

入口区景墙平面及立面效果图

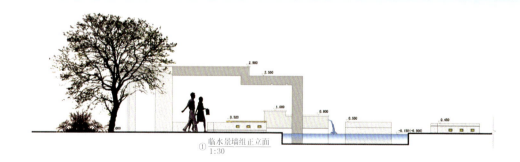

① 临水景墙组正立面 1:30

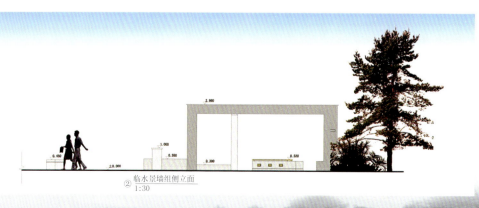

② 临水景墙组侧立面 1:30

中国景观规划设计系列丛书 住宅
ZhongGuoJingGuanGuiHuaSheJiXiLieCongShu ZhuZhai

索引平面图

1. 草坪放坡
2. 景观草地
3. 滨水树池
4. 石板雕塑
5. 喷泉水景
6. 卵石铺地
7. 木上青竹
8. 生态水池

中央绿地平面及意向图

索引平面图

1. 入水景墙
2. 砾石环路
3. 灯光树阵
4. 缤纷花卉
5. 几何水池

生态水景园平面及意向图

中国景观规划设计系列丛书 住宅

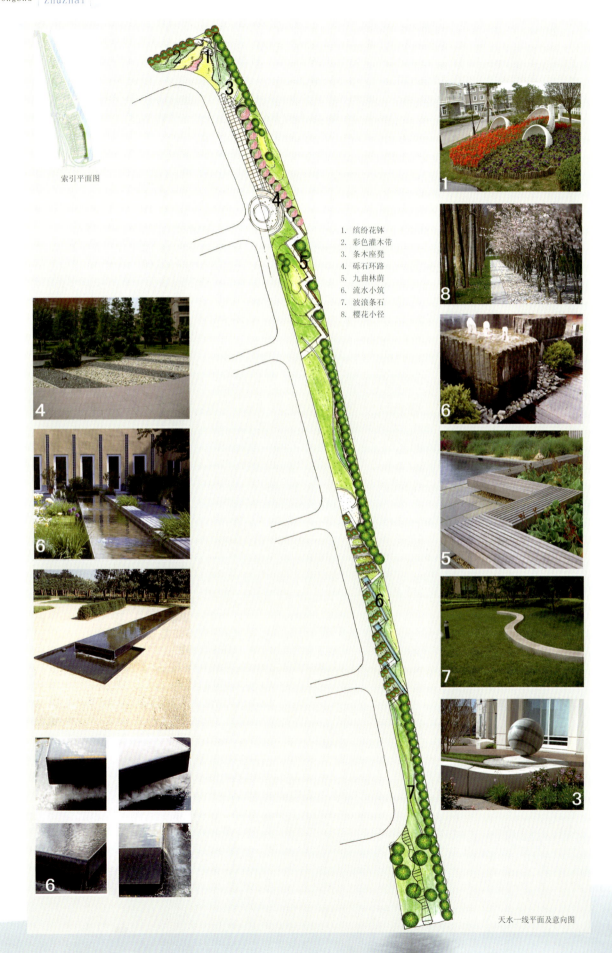

索引平面图

1. 缤纷花钵
2. 彩色灌木带
3. 条木座凳
4. 砾石环路
5. 九曲林荫
6. 流水小筑
7. 波浪条石
8. 樱花小径

天水一线平面及意向图

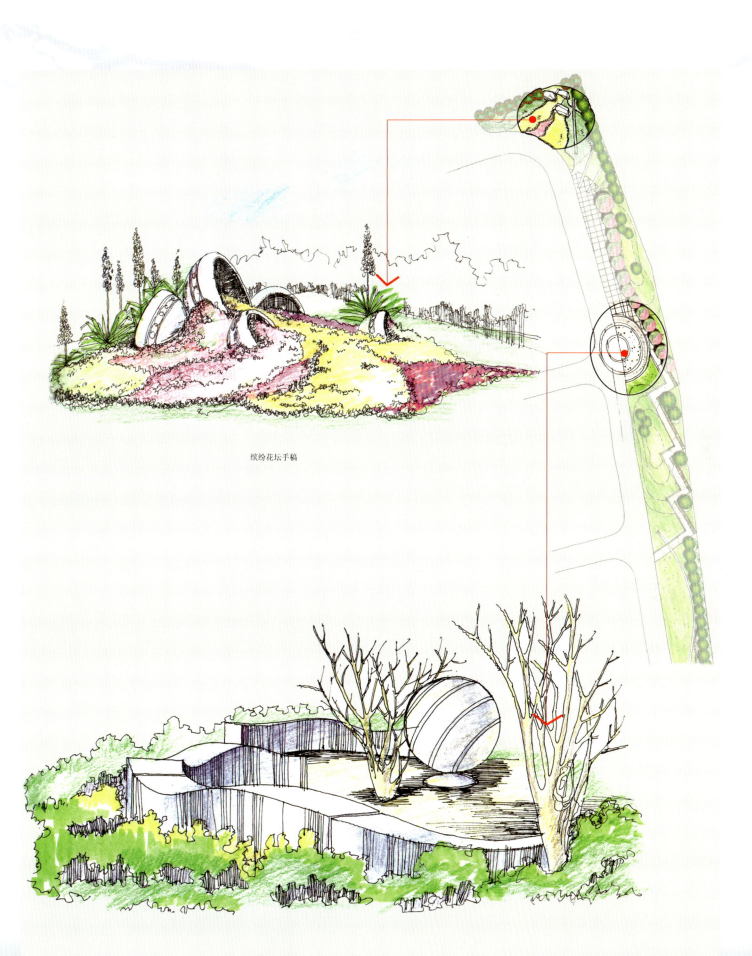

缤纷花坛手稿

砾石环路手稿

天水一线节点手稿图

中国景观规划设计系列丛书 住宅

索引平面图

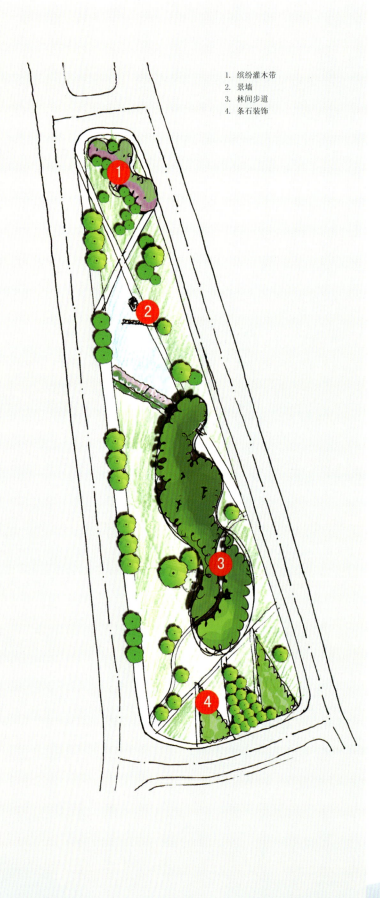

1. 缤纷灌木带
2. 景墙
3. 林间步道
4. 条石装饰

生态绿地园平面及示意图

索引平面图

1. 青石板小径
2. 叠层灌木带
3. 装饰条石
4. 条石座凳

曲径通幽氧吧平面及示意图

中国景观规划设计系列丛书 住宅
ZhongGuoJingGuanGuiHuaSheJiXiLieCongShu ZhuZhai

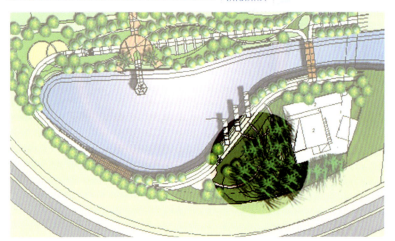

障景处理示意图

索引平面图

四季常青的攀援类植物如油麻藤、常春藤等绿化墙面的同时，带来了质朴清新的气息。

杉类植物树型挺拔、枝叶细密，多层次绿化，遮挡不良景观。

竹林障景，掩映高墙，成景速度快，立竿见影。

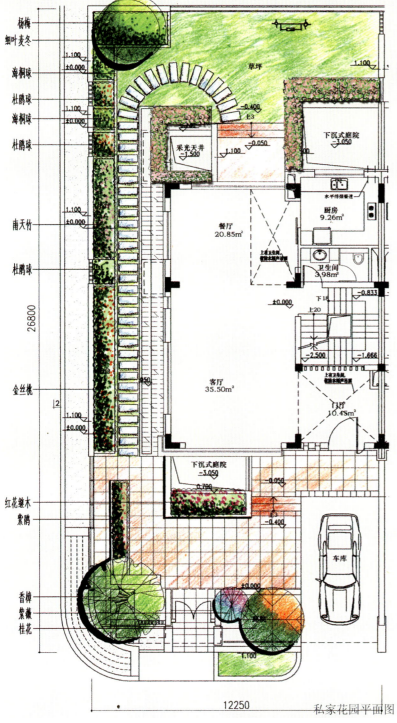

私家花园平面图

植物意向图

中国景观规划设计系列丛书 住宅

深圳市林间水语别墅度假区

林间水语别墅度假区位于深圳盐田沙头角梧桐山国家森林公园之南麓，南向可远眺大鹏海景及香港东北部郊野景观。深圳属于亚热带气候，降水丰富，夏季长达6个月，但没有酷暑天气；冬天时间很短，且温度不低，所以深圳有"秋春相连"的说法。梧桐山是"深圳河"的发祥地，梧桐山山高林密，主峰山泉汇入天池，池内深不可测，积万年草木之精华，药用价值极高。天池水顺谷而下形成了壮观瀑布群，春雨时一泻百米，声如洪钟，激起千层浪，散出万束雾花，异常美丽。

文学大师林语堂先生曾这样写道："最好的建筑是这样的，我们居住在其中，却感觉不到自然在哪里终了，艺术在哪里开始"。在自然方面：人类起源于森林，又邻水而居，对大自然有着原始本性的热爱。因此，配合梧桐山自然风景的风貌，创造一块有山有水，有树有花的自然景致。在艺术方面：以水文化为主题，人类文明的起源大多都在大河流域，如尼罗河流域的古埃及文明，两河流域的巴比伦文明以及长江黄河流域的中华文明等。泰勒士有句格言是："水是最好的"。水的美是无法全部领略的，因此整个设计以各种水景引导主题。身在林中，又随时听着水语，自然和艺术便在每一处……

主要规划
景观：规划主要分为中心绿地和单体别墅绿地。
功能：分为水景区、文化区、休闲运动区、安静休息区、观赏区、种植区等。
景观视线：以入口水景到末端流水亭为主要的景观轴线，以湖贯穿整个中心绿地景观。
植物配置：有浓密的高山榕林，蝴蝶果林，尖叶牡荆等，有稀疏的海南蒲桃，大王椰子、刺桐和落羽杉。春季成片的木棉、紫玉兰、刺桐。夏季有蓝花楹、红花楹、火焰木和黄槐。秋季有红枫、鸡爪槭、四季桂。冬季有梅花、竹等。

总平面图

平面图

东立面

西立面

A-A剖面

B-B剖面

中国景观规划设计系列丛书 **住宅**
ZhongGuoJingGuanGuiHuaSheJiXiLieCongShu ZhuZhai

主入口

次入口

▬▬▬ 主要道路
▬▬▬ 次要道路

道路系统图

水景区　文化区　休闲活动区　安静休息区　观赏区　种植区

功能分区图

 主景观轴线
次景观轴线

景观轴线图

灯位图

中国景观规划设计系列丛书 住宅
ZhongGuoJingGuanGuiHuaSheJiXiLieCongShu ZhuZhai

亭桥合欢效果图

水波云天效果图

林中浴水效果图

丝路花语效果图

河边小道效果图

河岸漫步效果图

某山庄别墅

在日渐现代的生活中，人们现在更多的通过别墅庭院来与自然交流。因此在设计时应考虑到整个别墅庭院的自然感，同时又要带有现代的气息。

规划用地总面积约为1500㎡，中心建筑属古典欧式风格，四周由植物围绕，整个别墅建筑呈长形，较为规则，处于地势较高的平地上。本别墅位于南宁市郊，四周均为同类型别墅群。别墅地形类似于一个三角形，地势东南低，西北高。东南面是一条西南流向的小河，东北面是空旷的坡地，西面则是陡壁，地形地势非常好。

本方案为在小河下游建造一座小桥，即主要出入口必经小桥。主要景点设在庭院正中或偏东方向，不可过多靠近窗户，另外在配置亭子、假山等园林小品时同样不能过多靠近两边的窗户，而窗户附近的植物配置为低矮和稀疏，努力营造出若隐若现的效果，使在外的游人视线能隐约看见庭院内的主要景观。

庭院里的植物品种有20多种，植物的选择要与整体庭院风格相配，植物的层次要清楚，形式简洁而美观。在植物的配置上既有散尾葵、凤尾兰等低矮的灌木，也有如合欢、樟树等高大茂密的乔木。

水是许多庭院里不可或缺的精灵，它可以与庭院中的一切元素共同组成一幅美丽的水景图，且与小河流通，让别墅与外界自然更加和谐亲密。

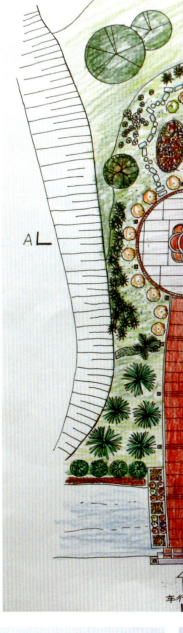

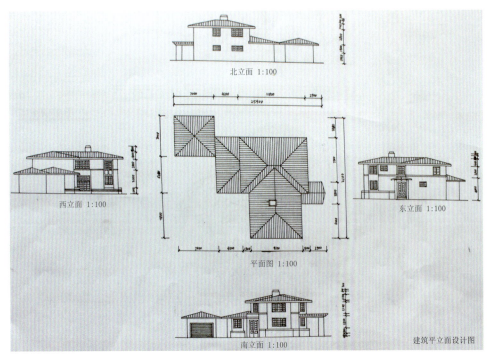

建筑平立面设计图

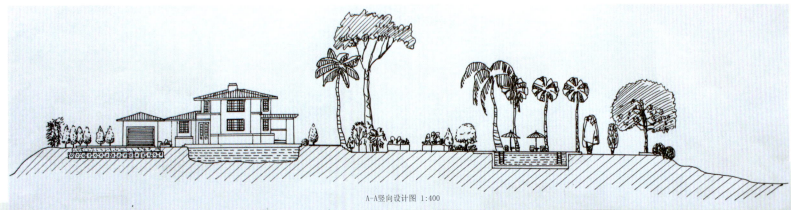

A-A竖向设计图 1:400

总平面图

B-B竖向设计图 1:400

竖向设计图

中国景观规划设计系列丛书 **住宅** ZhuZhai

鸟瞰图

别墅效果图

中国景观规划设计系列丛书 住宅

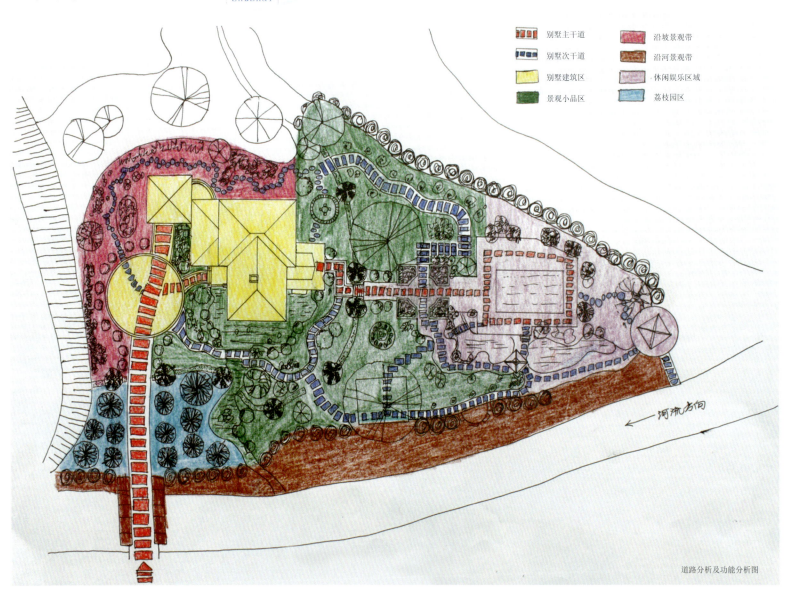

别墅主干道	沿坡景观带
别墅次干道	沿河景观带
别墅建筑区	休闲娱乐区域
景观小品区	荔枝园区

←河流方向

道路分析及功能分析图

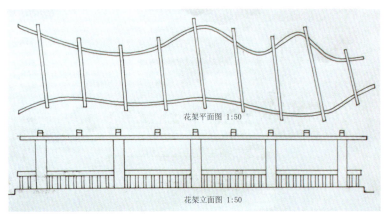

花架平面图 1:50

花架立面图 1:50

花架效果图

景观小品效果图

景观小品效果图

花坛效果图

游泳池效果图

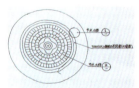
望江亭铺装平面图 1:80

望江亭立面图 1:80

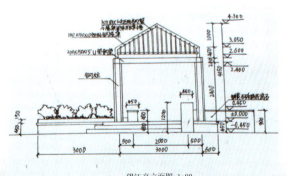
望江亭立面图 1:80
注：钢杆件为富锌底漆
蓝灰色氟碳涂料饰面

望江亭效果图

神秘花园别墅

我们构思景观概念时参考了海洋的概念,因为有河的元素,又结合了本案的地理位置及特点,所以我们将海洋的概念通过一条花溪的处理引申为"神秘花园"。概念来源于一支挪威new age音乐组合"The secret garden"中文译名:神秘园。他们的旋律优雅深邃,将人们的思绪引入一个充满想象和期待的神秘乐园,在不经意间流露出些许情思更令人神往,不得不沉醉其中。

在景观的设计上我们沿用了神秘花园新纪元的轻音乐风格,力图将这种童话般的神秘花园展现于现实的人居环境之中,并将其转化为景观设计的手段营造了一个相对安逸、静谧的居住环境,让人身处其中,产生一种与自然亲密接触的深切体悟,从而获得现代都市少有的亲切感。同时也诠释了高档的新型大都市风格,旨在用设计中包含的大地创意来营造共生的、可持续性的生活环境。为社区居民提供一个更适宜生活居住的社区景观环境,达到充分享受生活乐趣的目的。

植物往往是庭院装饰的主角,为配合小院设计的主题风格,在植栽的选择及搭配上追求丰富的立面层次和浓烈而沉稳的色彩效果。庭院中的每一个绿化群落都由色彩饱和度较低的(橄榄色)小叶灌木、颜色较为艳丽的宽叶宿根类植物以及开花小乔木组成,丰富了观者视觉感受。

平面图

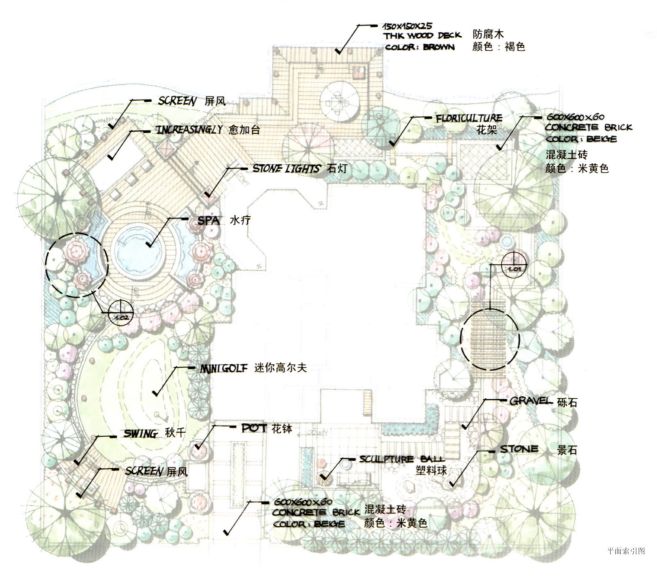

平面索引图

分区概念图

灯光设计图

中国景观规划设计系列丛书 住宅
ZhongGuoJingGuanGuiHuaSheJiXiLieCongShu ZhuZhai

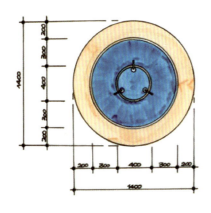

平面图 比例 1:20

索引图

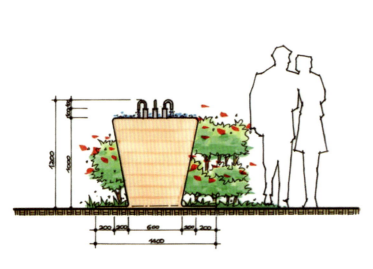

剖面图 比例 1:20

立体图

散步区概念图

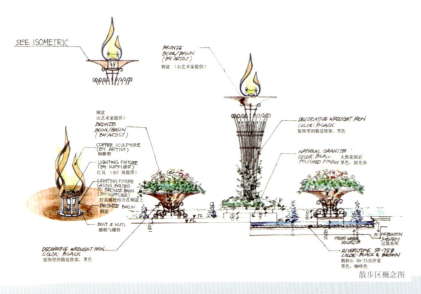

散步区概念图

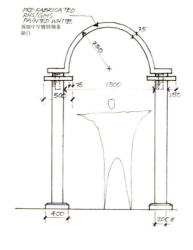
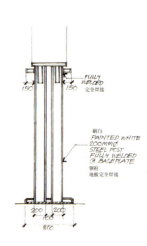

花架剖面图

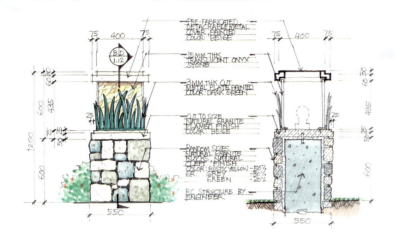
石灯剖面图

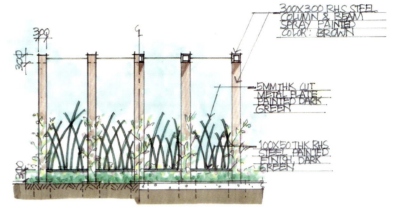
屏风剖面图

瑜伽台效果图

一九一二别墅区

设计构思：回忆——追忆——和谐

回忆：本方案将现代的设计元素与复古的元素相结合，将人们带到那个特有的年代。

追忆：就像1912酒吧街一样，本方案希望让人们重温那个时代的气息，用建筑的多样性表达那个时代特殊的情感。

和谐：通过对方案空间多层次的思考，人性化的邻里空间，结合多元的建筑立面和景观元素，达到整体上的和谐。

设计展望
1. 借助主题"寻找梦想的回归"，唤醒人们怀旧的情结；
2. 创造一个可持续发展的别墅社区；
3. 艺术元素和自然元素相结合；
4. 通过整体性的交通系统，将各开放空间连接起来；
5. 通过水岸、水体及生态湿地的整体性设计提高景观的质量。

设计主题
概念主题：雅、逸、文、翠

在设计中我将雅、逸、文、翠四大主题贯穿于整个设计布局中，彼此间形成了空间的序列和渗透，暗示了情感的自然的交融。

雅：民国、古典、西班牙几种建筑风格，交相辉映在整个环境之中。多元化的建筑风格更能让人们体会曾经难忘的经典情怀。

逸：本方案沿道路布景，达到了移步换景的效果，展示了布局中的纹理和章法，让居住在别墅的人们体验不同空间的氛围。

文：用古典的装饰手法，加以民国时期的特殊情绪，将多元的文化融入到每一个建筑细节的设计，让人们亲身体会到一种现实与梦想，古典与现代，东方与西方的交融。

翠：古人曾经说过：山得水而活，得草木而花。所以在设计中加入各种类型的树木以及水果，使得这个方案充满了活力和感情。

总之视觉上的桃红柳绿，听觉上的雨打芭蕉，嗅觉上的暗香浮动都是本方案带给人们心旷神怡的构思和立意。

图例：
1. 入口特色水景
2. 入口特色铺地
3. 入口特色树槽
4. 车行景观大桥
5. 私家亲水跳台
6. 邻里共享花园
7. 宅间特色铺地
8. 高水位去（阶梯式）
9. 入口景观标志墙
10. 宅间特色水景
11. 会所大喷泉
12. 入口林荫大道
13. 主干道街道树
14. 底水位区
15. 水闸处
16. 会所地面停车
17. 会所网球

总体景观规划图

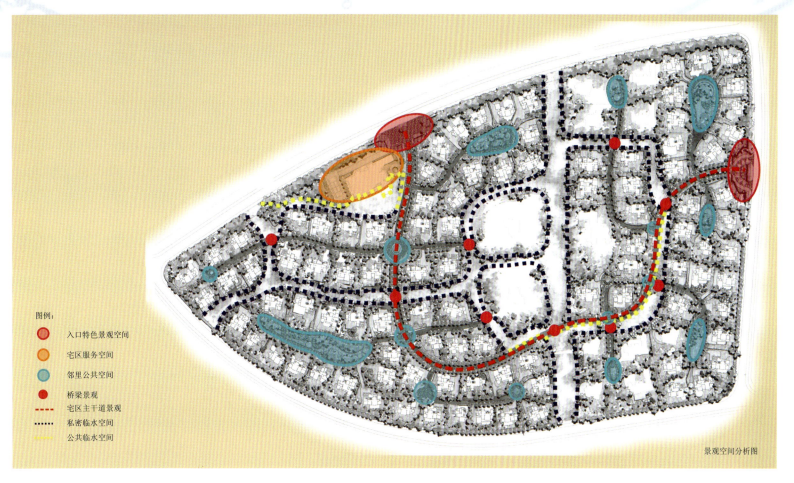

景观空间分析图

景观主题分析图

中国景观规划设计系列丛书 住宅

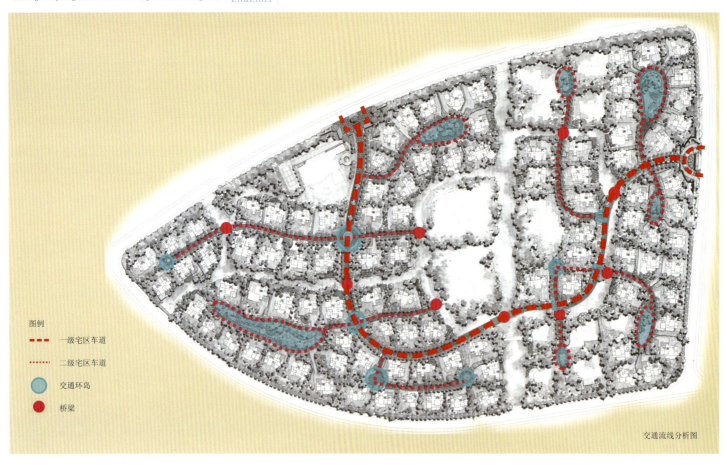

图例:
- - - - 一级宅区车道
······ 二级宅区车道
● 交通环岛
● 桥梁

交通流线分析图

图例:
- - - - 引导性规划式排列
······ 宅间道路—有系统的不规则布置
······ 临水区—一体现自然
● 主要节点特色设计
······ 外围公共绿化-魔术式不规则布置

植栽分析图

中国景观规划设计系列丛书 住宅
ZhongGuoJingGuanGuiHuaSheJiXiLieCongShu ZhuZhai

次入口放大平面图

剖面图B—B

会所环境平面图

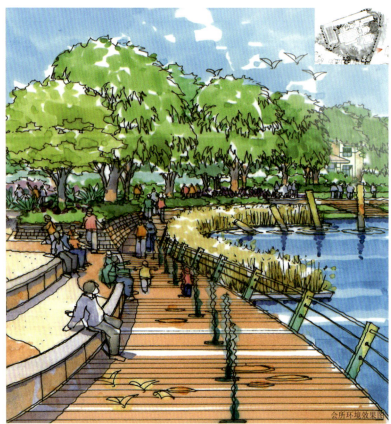
会所环境效果图

内部街道示意图

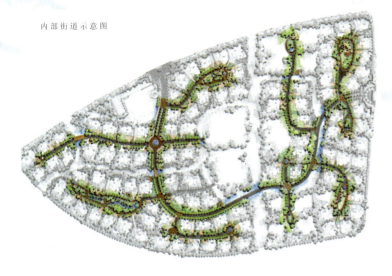

中国景观规划设计系列丛书 住宅
ZhongGuoJingGuanGuiHuaSheJiXiLieCongShu ZhuZhai

宅前宅后平面、景观效果图

亲水木平台
湿地植物
私家内庭院
天然石材台阶

私家庭院剖面图

桥的形式效果图

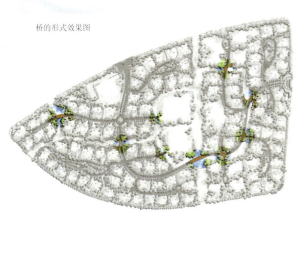

驳岸形式剖面图

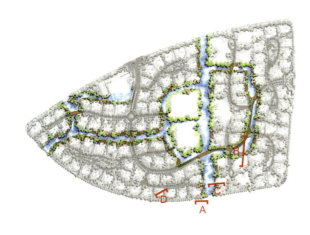
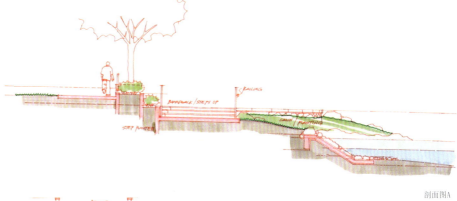

剖面图A

剖面图B

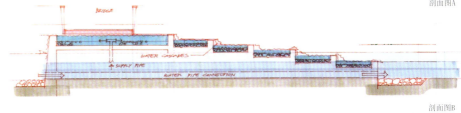

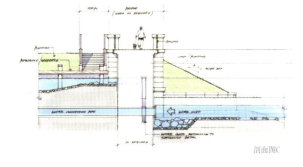
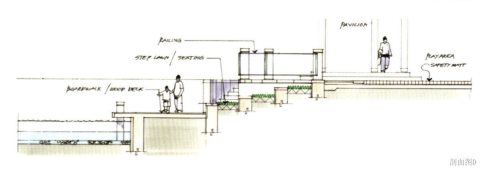

剖面图C

剖面图D

剖面图A

剖面图B

透视图C